Devendra Kumar
Virendra Pal Singh

Ácidos (hidroxâmicos) e polímeros quelatos como agentes antimicrobianos

Devendra Kumar
Virendra Pal Singh

Ácidos (hidroxâmicos) e polímeros quelatos como agentes antimicrobianos

Síntese, caracterização e actividades biológicas dos ácidos poli (hidroxâmicos)

ScienciaScripts

Imprint
Any brand names and product names mentioned in this book are subject to trademark, brand or patent protection and are trademarks or registered trademarks of their respective holders. The use of brand names, product names, common names, trade names, product descriptions etc. even without a particular marking in this work is in no way to be construed to mean that such names may be regarded as unrestricted in respect of trademark and brand protection legislation and could thus be used by anyone.

Cover image: www.ingimage.com

This book is a translation from the original published under ISBN 978-613-9-83787-8.

Publisher:
Sciencia Scripts
is a trademark of
Dodo Books Indian Ocean Ltd. and OmniScriptum S.R.L publishing group

120 High Road, East Finchley, London, N2 9ED, United Kingdom
Str. Armeneasca 28/1, office 1, Chisinau MD-2012, Republic of Moldova, Europe
Printed at: see last page
ISBN: 978-620-5-67866-4

CONTEÚDO

PREFÁCIO

Nos últimos anos, a química dos ácidos hidroxâmicos, ácidos (hidroxâmicos) e polímeros de quelatos metálicos tem fascinado uma grande atenção dos investigadores devido ao vasto espectro de actividades biológicas destes compostos. Os ácidos hidroxâmicos e o ácido (hidroxâmico) são geralmente de baixa toxicidade e têm um largo espectro de actividades em todos os tipos de sistema biológico, como tal actuam de forma variada como factores de crescimento, aditivos alimentares, inibidores tumorais, agentes antimicrobianos, anti-tuberculose, agentes anti-leucémicos, principais farmacofores em muitos agentes quimioterápicos importantes, pigmentos e factores de divisão celular. Vários análogos de ácido poli (hidroxâmico) têm demonstrado inibir a síntese de ADN (ácido dinucleico) através da inactivação da enzima ribonucleótido redutase (RNR). Esta metalo-enzima catalisa a conversão de nucleótidos (ribo) em nucleótidos deoxi (ribo) e é, portanto, um alvo potencial para o desenvolvimento de agentes anticancerígenos. A fracção de ácido hidroxâmico, R - CONHOH, é considerada o farmacoforo essencial na hidroxiureia, um inibidor clinicamente útil da ribonucleotídica redutase.

O objectivo deste livro é incorporar o relato detalhado sobre ácidos hidroxâmicos, ácidos poli (hidroxâmicos) e os seus polímeros quelatos metálicos e o seu comportamento como agentes anti-microbianos. A concepção do presente livro é, portanto, assegurar que o investigador ou estudante tenha uma compreensão intelectual do assunto para realizar uma boa investigação.

O primeiro capítulo deste livro trata de uma breve resenha sobre o desenvolvimento histórico e aplicações úteis dos ácidos hidroxâmicos, ácidos poli (hidroxâmicos) e polímeros quelatos com base no levantamento bibliográfico. Este capítulo destaca as diferentes aplicações dos ácidos hidroxâmicos, compostos de ácidos poli(hidroxâmicos) e os seus polímeros de quelatos metálicos em diferentes campos da química, indústrias farmacêuticas, agricultura, bioquímica, tratamento de águas residuais, resina de permuta iónica, cromatografia de fase estacionária e química analítica, etc. A revisão detalhada da química de coordenação destes compostos foi incorporada neste capítulo. Foi também incluída neste capítulo uma revisão exaustiva da literatura. O segundo capítulo do presente livro incorpora procedimentos experimentais para a síntese de ácidos hidroxâmicos, ácidos poli- (hidroxâmicos) e os seus polímeros de quelatos metálicos. O terceiro capítulo deste livro trata da caracterização de compostos sintetizados por diferentes técnicas como IR, 1H-NMR, espectroscopia electrónica. Um estudo detalhado sobre a estabilidade térmica dos ácidos hidroxâmicos e dos ácidos poli (hidroxâmicos) foi também incorporado neste capítulo. O quarto capítulo deste livro trata de estudos antimicrobianos de compostos sintetizados. O conhecimento crescente das actividades biológicas dos compostos pode orientar muitos investigadores no sentido de desenvolverem os agentes quimioterápicos promissores que podem visar processos fisiológicos ou patológicos específicos. Acreditamos que este livro não só dá um relatório de estado do assunto, mas também indica direcções futuras. O livro deve dar alguma ideia nova e pode ser um guia útil e uma obra de referência para todos os envolvidos no ensino e na investigação.

Devendra Kumar

Virendra Pal Singh

CAPÍTULO 1. INTRODUÇÃO

1.1 ÁCIDOS HIDROXÂMICOS

Os ácidos hidroxâmicos, derivados N-acil da hidroxilamina, são uma classe importante de moléculas orgânicas que desempenham um papel fundamental em muitos campos químicos, biológicos, analíticos, farmacêuticos e industriais [1-6]. Estes são reagentes versáteis [7] para análises orgânicas e inorgânicas [8]. São reagentes analíticos muito eficientes para extracções de solventes [9-10], extracção líquido-líquido [11], flutuação de espuma [12], estabilizador de soluções reveladoras fotográficas [13] e titulações espectrofotométricas de vários iões metálicos [14].

O ácido hidroxâmico foi inicialmente reportado por **Lossen [15]**. Possuem o grupo funcional ácido hidroxâmico característico **(Fig. 1.1)**.

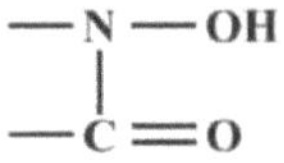

$$-N-OH$$
$$|$$
$$-C=O$$

Fig. 1.1: Grupo funcional de ácidos hidroxâmicos

Muitos ácidos hidroxâmicos podem ser obtidos pela substituição sucessiva do hidrogénio da hidroxilamina por diferentes grupos orgânicos **(Fig. 1.2)**.

Ammonia	Hydroxyl-amine	Hydroxamic Acid	N-substituted Hydroxamic Acid
I	II	III	IV

Fig. 1.2: Amoníaco, ácido hidroxímico e seu derivado

O derivado de N-monoacil substituto da hidroxilamina é o ácido hidroxâmico mais simples (III). A substituição do átomo de hidrogénio ligado ao átomo de azoto do ácido hidroxâmico (III) por alquil ou grupo arilo dá ácido hidroxâmico N-substituído (IV) **[16]**.

Os ácidos hidroxâmicos são geralmente preparados pela acilação da hidroxilamina por cloretos ácidos **[17]**. Este é um método geral que tem sido frequentemente utilizado para a preparação de ácidos hidroxâmicos N-substituídos, na presença de uma base. Este procedimento foi primeiro utilizado por **Bomberger [18]** e seguido por **Shome [19]** para a preparação de ácidos N-fenil benzohidroxâmicos. Mais tarde, este método foi adoptado por vários outros trabalhadores **[20-23]**.

O método utilizado por **Fournand** *et al.* **[24]** para a preparação de ácido hidroxâmico é a actividade enzimática da amidase sobre a hidroxilamina a pH = 7. Esta reacção é também chamada **mecanismo Ping Pong Bi Bi [25] (Fig. 1.3)**.

Ácidos (hidroxâmicos) e polímeros quelatos como agentes antimicrobianos

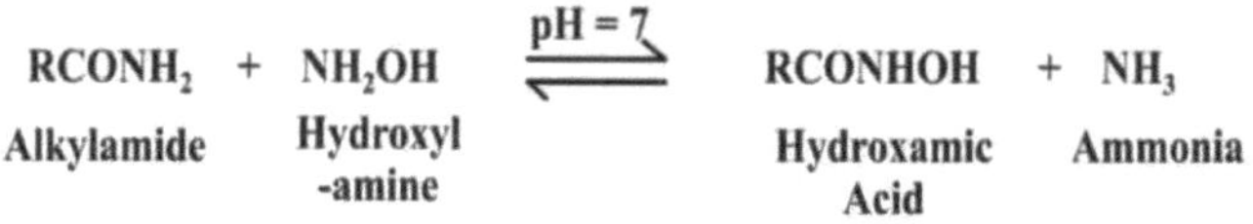

$$RCONH_2 \quad + \quad NH_2OH \xrightleftharpoons{pH = 7} \quad RCONHOH \quad + \quad NH_3$$

Alkylamide   Hydroxyl-amine   Hydroxamic Acid   Ammonia

Fig. 1.3 : Mecanismo de Bi Ping Pong Bi

Os ácidos hidroxâmicos actuam como ácidos fracos, assim como as bases fracas **[26-27]**. Estes são ligandos de oxigénio bidentado que processam afinidade para uma variedade de iões metálicos. O carácter complexo de metais do ácido hidroxâmico torna-os úteis em aplicações analíticas **[28-29]**. Os ácidos hidroxâmicos são reagentes potencialmente analíticos e têm sido utilizados para a determinação de muitos iões metálicos **[30-38]**.

Ganesh *et al.* **[39-42]** e **Nakamura** *et al.* **[43-46]** foram relatados clivagem de ADN por ácido hidroxâmico na presença de iões metálicos. Os seus resultados implicam que os complexos metálicos de ácido hidroxâmico são agentes promissores de clivagem do ADN.

1.2 ÁCIDOS POLI (HIDROXÂMICOS)

O primeiro ácido poli (hidroxâmico) **[PHA]** foi preparado por **Coffman [47]** através do tratamento do copolímero de anidrido málico com hidroxilamina. Os ácidos polioxâmicos também podem ser sintetizados pela reacção de hidroxilamida com poliacrilamida **[48]** / ácido poliacrílico **[49]** / poliacrilonitrito **[50]** em diferentes condições experimentais. O ácido poli- (hidroxâmico) sintetizado por estes métodos possui mais de 70% de grupos de ácido hidroxâmico. O ácido poli- (hidroxâmico) preparado por **Hosseini** *et al.* **[51]** contém 100% de grupos de ácido hidroxâmico.

Bergman [52] tem ácidos poliacrilamídicos (hidroxâmicos) sintetizados pela reacção de poliacrilamida com hidroxilamida a pH >12 **(Fig. 1.4)**

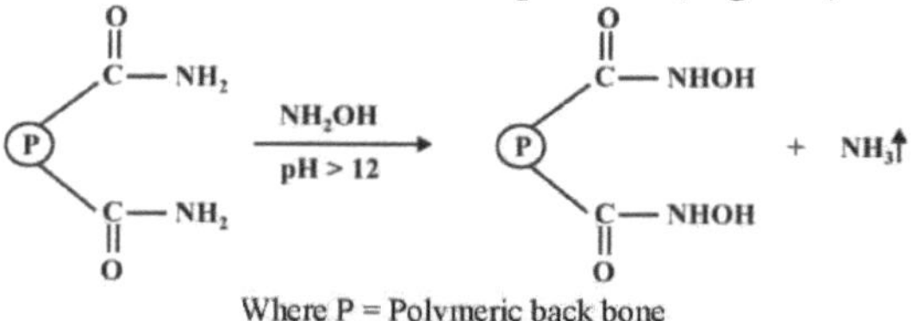

Where P = Polymeric back bone

Fig. 1.4 : Conversão de poli (acrilamida) em ácido poli (hidroxâmico)

A reacção dos ésteres com hidroxilamina, normalmente um procedimento padrão para a preparação de ácidos polioxâmicos, tem sido utilizada por vários investigadores para a preparação de ácidos polioxâmicos **[53]**. **Kern** *et al.* **[54]** têm sintetizado ácido poli-(hidroxâmico) pela reacção de poli (acrilato de metilo) e cloridrato de hidroxilamina. Estes ácidos poli (hidroxâmicos) contêm 80% de ácido acrílico hidroxâmico, 14% de ácido acrílico, e 6% de acrilato de metilo, e que formaram o complexo característico do ferro castanho-avermelhado (III). A razão entre o ácido hidroxâmico e o ferro no complexo foi de 3:1.

O tratamento do poliacrilonitrilo com hidroxilamina seguido de hidrólise da

6

amidoxima intermédia dá, em parte, grupo ácido hidroxâmico pendente [55-60]. A utilização deste procedimento para a metalização de tecidos acrílicos foi explorada.

Muitos polímeros de ácido hidroxâmico foram sintetizados em condições diferentes e foram encontradas algumas aplicações interessantes, ou seja, catalisadores para a hidrólise de certos ésteres activos [61].

Smith *et al.* [62] sintetizaram polímero hidrossolúvel, ácido hidroxâmico de poli vinilpirrolidona (PVA - PHA), que foi preparado abrindo o anel de poli vinilpirrolidona com cloridrato de hidroxilamina (**Fig. 1.5**).

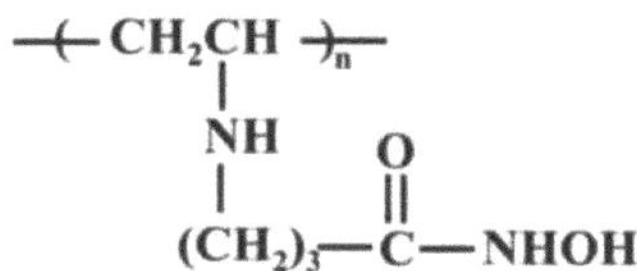

Fig. 1.5 : Ácido polimérico (hidroxâmico) solúvel em água

Os polímeros solúveis em água são bem conhecidos pela retenção ou recuperação de iões metálicos da solução sob certas condições.

Moustafa *et al.* [63] prepararam poli poroso (metacrilo-co-trietilenoglicol dimetacrilato) [MAA-3G] por polimerização em suspensão usando peróxido de benzoílo como iniciador. O ácido poli (hidroxâmico) [HYOX] preparado mostrou uma capacidade de absorção de iões metálicos muito elevada.

O ácido poli- (hidroxâmico) poroso também tem sido reportado como sorbentes, fase estacionária para cromatografia de gás, resina de permuta iónica, materiais de membrana e portadores para catalisadores, bem como substâncias activas biológicas [64-65]. Entre os vários polímeros de ácidos hidroxâmicos, a resina quelante obteve uma atenção considerável em alguns campos, tais como a remoção de iões metálicos vestigiais nocivos devido à sua elevada capacidade de adsorção selectiva [66-69].

Yasemin *et al.* [70] prepararam hidrogel ácido (hidroxâmico) a partir de poli (acrilamida). Também relataram a sua utilização como quelante de metal sorbente ou permutador de iões para os iões de metais pesados e corantes nos hidrogéis contaminados, dando origem à limpeza das águas residuais, que é um dos problemas mais importantes da química ambiental.

Hosseini *et al.* [71] sintetizaram ácido hidroxâmico 1,1-di (N-pirrolico) metano, ácido hidroxâmico 1,1-di-(N-indolil) metano, ácido hidroxâmico 1,1-di-(n-carbazolil) metano, 1-(N-carbazolil) metano ácido hidroxâmico e 1-(N-pirrolil)-1-(N-indolil) metano ácido hidroxâmico dos seus derivados do grupo N, N-substituído éster do que estes foram polimerizados na presença de oxidantes tais como persulfato de amónio e perclorato de ferro (III). As condutividades [72] destes polímeros foram medidas pelo método da sonda de quatro pontos.

Raskop *et al.* [73] foram preparados Poliestireno ácido (hidroxâmico) e vários poliestirenos alifáticos ionenos imobilizados (2-6, 6-6, 10-6-ioneno) pela reacção de poliestireno/divinilbenzeno macroporoso e cloridrato de hidroxilamina. Estes ionenos foram utilizados como permutadores de iões para o desenvolvimento de uma nova fase estacionária de alto desempenho para cromatografia de aniões.

1.3 QUÍMICA DE COORDENAÇÃO DE ÁCIDOS HIDROXÂMICOS E ÁCIDOS POLI- (HIDROXÂMICOS)

A química dos compostos de coordenação está actualmente em rápido desenvolvimento e a atrair a atenção de investigadores em muitas direcções. O termo **"compostos de coordenação"** é normalmente aplicado aos compostos que contêm moléculas ou iões em que os átomos metálicos estão rodeados por outros átomos ou grupos. Os metais que contêm moléculas ou iões são frequentemente chamados de **"complexos"**. A química de coordenação é geralmente referida como o tema central da **Química Inorgânica.**

Alfred Werner [74] foi o primeiro químico inorgânico que recebeu o Prémio Nobel da Química em **1913** por explicar as estruturas dos compostos. Ele propôs a teoria denominada **"Teoria da** Coordenação de **Werner"** em **1893** para compreender a natureza dos complexos metálicos **[75-76].**

Werner explicou que nos complexos metálicos, o metal mostra dois tipos diferentes de valências.

1. **Valências primárias** - As valências primárias são iguais ao número de cargas sobre o ião complexo. Estas são não-direccionais.
2. **Valências secundárias** - As valências secundárias são iguais ao número de átomos de ligando coordenados com o metal. A isto chama-se número de coordenação **[78].** Três factores determinam o número de complexos de coordenação.
   a) O tamanho dos átomos ou iões centrais.
   b) A interacção esterica entre ligandos.
   c) Interacção electrónica **[77]**

Após o trabalho pioneiro de **Alfred Werner, Sidgwick** ofereceu a interpretação electrónica da ligação coordenada. Ele percebeu que os metais de transição formam compostos de coordenação devido ao seu pequeno tamanho electrónico, grande carga iónica e orbitais d e f vazios na sua configuração electrónica **[78].**

Irving - Williams [79] propôs a ordem de estabilidade dos complexos dos metais de transição com diferentes ligandos.

$$Ba^{+2} < Sr^{+2} < Mg^{+2} < Mn^{+2} < Fe^{+2} < Co^{+2} < Ni^{+2} < Cu^{+2} < Zn^{+2}.$$

A estabilidade dos complexos metálicos depende da natureza dos metais e ligandos. Os vários factores que afectam a estabilidade dos complexos metálicos podem ser dados como:

1. Tamanho, afinidade dos electrões e configuração electrónica do átomo central.
2. Basicidade do átomo central de metal e ligando **[80].**
3. Número de anéis de quelato por ligante formado **[81].**

4. Natureza dos átomos do doador (ligandos) **[82]**.
5. Tamanho do anel de quelato **[83]**.
6. Número de sistemas de anéis fundidos **[84]**.
7. Efeito estéreo e de ressonância **[85]**.

Os grupos descritos por **Vanuitert** *et al.* **[86]** foram considerados muito importantes em termos de coordenação de comportamento. A afinidade coordenadora destes grupos pode ser dada como:

$$-\text{O}^- \; > \; -\text{NH}_2 \; > \; -\text{N}=\text{N}- \; > \; -\text{N}- \; > \; \text{COO}^- \; > \; -\text{O}- \; > \text{C}=\text{O}^-$$

Anolate ion	Amine	Azo	Ring nitrogen	Carboxylate ion	Ring oxygen	Carbonyl group

Ballhousen [87], Jorgensen [88], Cotton [89], Lever [90], Figgis [91], Tanabe e Sugano [92] e muitos outros trabalhadores **[93-94]** também deram importantes contribuições para os estudos dos compostos de coordenação para explicar a distribuição das moléculas ligand em redor do átomo central metálico em diferentes arranjos geométricos, ou seja, planar quadrado, tetragonal e octaédrico.

De acordo com **o** princípio SHAB **da Pearson [95]**, os metais duros preferem ligar-se com bases duras e o metal macio a bases macias. No sistema biológico certos metais macios são facilmente ligados a bases macias, especialmente a -SH grupo de enzimas que deslocam os outros metais do sistema biológico. Para a remoção de tais iões de metais pesados, o agente quelante deve actuar como um ligante multidentado para saturar os sítios coordenados do ião metálico a ser removido e deve dar um complexo solúvel e facilmente extraível. A acção medicinal de um grupo também é acreditada através do processo de quelação. Algumas das drogas que actuam como bons ligandos in vitro são a sulfonamida (bactericida), ácido isonicotínico hidrazida (droga T.B.), fenacetina e aspirina (analgésico), etc.

Este ramo da química é de grande importância do ponto de vista das suas aplicações em analítica **[96]**, farmacêutica **[97]**, toxicologia clínica, industrial **[98]** e sistemas biológicos **[99-100]**. Os complexos metálicos mostram várias actividades em sistemas biológicos como anticancerosos **[101]**, antivirais **[102]**, antibacterianos **[103]**, antifúngicos **[104]** pesticidas **[105]**, anticonvulsivos **[106]**, antituberculos **[107]**, antimaláricos **[108]** e actividade herbicida **[109]**.

Geralmente, os ácidos hidroxâmicos comportam-se como ligantes monopróticos e podem formar complexos quelatados com a maioria dos iões metálicos em solução aquosa **[110-111]**. A forma provável capaz de formar quelatos pode ser representada por estrutura (A a D) **(Fig. 1.6).**

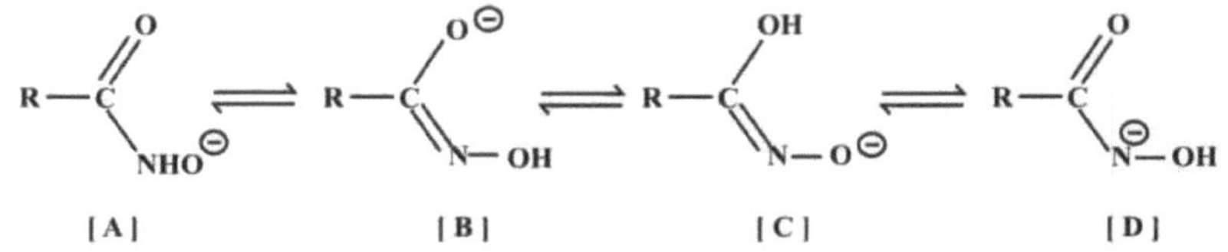

Fig. 1.6 : Capacidade de formação de quelatos

Em equilíbrio, existe uma molécula de ácido hidroxâmico em duas formas tautoméricas, a saber, forma *keto* (**I**) e forma *enol* (**II**) (**Fig. 1.7**).

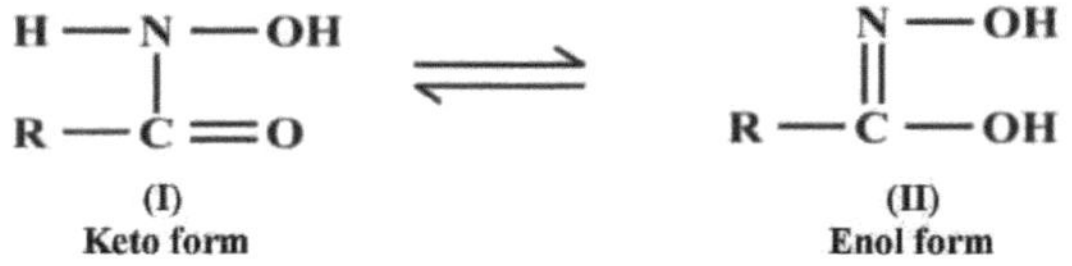

Fig. 1.7 : Forma de Keto e enol de ácido hidroxâmico

A forma keto predomina em meio ácido enquanto a forma enólica em meio alcalino [112-114]. No entanto, está provado por diferentes técnicas espectroscópicas que a complexação ocorre sempre através da forma keto e não através do enol para [115116]. Devido à presença de grupos keto e hidroxil, os ácidos hidroxâmicos podem facilmente formar quelatos com os iões metálicos [117-118].

Estudos complexos de formação de ácidos hidroxâmicos com vários iões metálicos em solução têm sido realizados por vários trabalhadores [119-120].

Luzyanin, *et al.* [121] relataram a síntese de [PtCl$_4$ {NH=C (Me) ON (Me) C (=O) Ph}$_2$] por reacção de acoplamento entre nitrilos, ligados a um centro de Pt(IV) e ácido N-metil benzohidroxâmico. Depois é alquilado em CH2Cl2 para obter o complexo (**Fig. 1.8**).

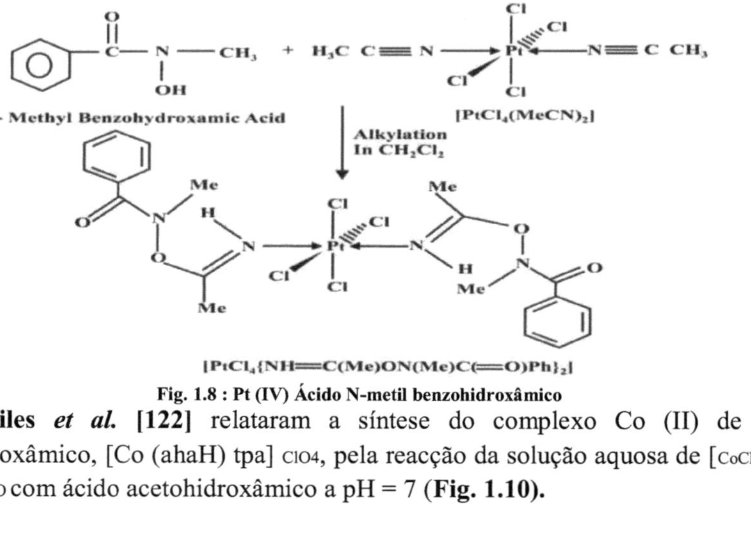

Fig. 1.8 : Pt (IV) Ácido N-metil benzohidroxâmico

Failes *et al.* [122] relataram a síntese do complexo Co (II) de ácido acetohidroxâmico, [Co (ahaH) tpa] ClO4, pela reacção da solução aquosa de [CoCl2 (tpa) ClO4]$^{1/2}$ H2O com ácido acetohidroxâmico a pH = 7 (**Fig. 1.10**).

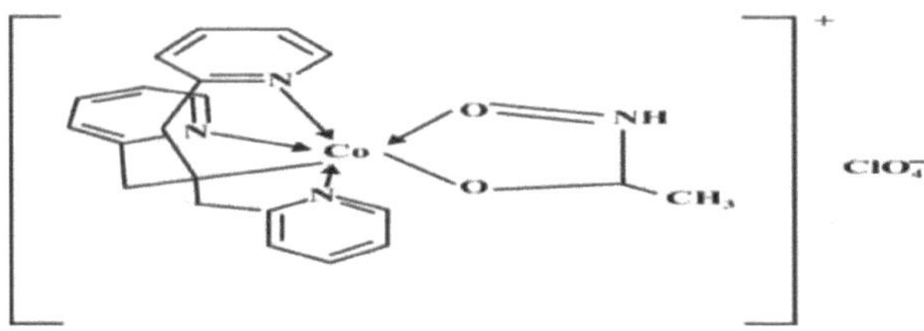

Fig. 1.9 : Co (II) complexo de ácido aceto-hidroxâmico

Verificou-se que a actividade biológica dos ácidos hidroxâmicos sob a forma de complexos metálicos aumenta muitas vezes. Desferrioxamina B, Desferal um ácido trihidroxâmico natural, é um quelato com ferro (III) e utilizado terapeuticamente para o tratamento de pacientes com sobrecarga de ferro para remover o excesso de ferro em pacientes que sofrem de sobrecarga de ferro devido ao tratamento da anemia de Cooley, ou envenenamento agudo por ferro, particularmente em pacientes com SIDA [123-124].

1.4 REVISÃO DE LITERATURA

Em **1946 Coffman [47]** sintetizou o primeiro ácido polimérico (hidroxâmico). Os ácidos poli (hidroxâmicos) também podem ser sintetizados pela reacção de hidroxilaminas hidrocloradas com monómero de vinilo e polimerizadas por meio de iniciadores.

O ácido poli- (hidroxâmico) e os seus complexos metálicos têm atraído interesse em muitos campos científicos e tecnológicos nos últimos anos. Polímeros de coordenação foram encontrados em amplas aplicações na indústria bioinorgânica **[125]**, tratamento de águas residuais **[126]**, controlo da poluição **[127]**, hidrometalurgia **[128]**, pré-concentração **[129]**, hidrólitos polielectrólitos aniónicos **[130]**, resinas de troca catiónica **[131]**, etc. O ácido N-fenil benzohidroxâmico (PBHA) foi explorado como um potencial reagente analítico bidentário para um grande número de iões metálicos **[132-133]**.

O primeiro estudo do polímero incluindo o metal foi realizado por **Arimoto et al. [134]**. Eles sintetizaram o ferroceno de vinil por polimerização de radicais livres. **Mathew et al. [135]** prepararam uma série de misturas de poliacrilamida e ditiocarbamida e também sintetizaram os seus complexos com Cu(II), Ni(II), Zn(II), Co(II) e Hg(II) e estudaram as suas propriedades térmicas O efeito catalítico da poliacrilamida divinilbenzeno reticulada com complexos metálicos Cu(II) foi relatado por **Jose et al. [136]**.

Takahiro et al. [137] sintetizaram um novo polímero quelante com grupo ácido dihidroxâmico, através do tratamento de polímero com grupos de malonato de dietil com hidroxilamina. **(Fig. 1.10)**.

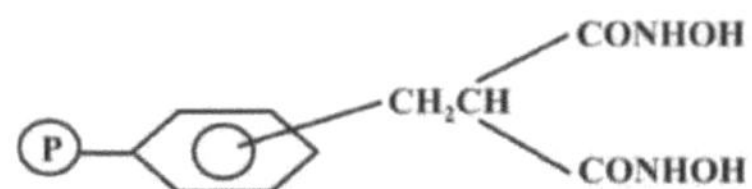

Fig. 1.10 : Polímeros quelatantes com grupos de ácido dihidroxâmico

Onde P= osso polimérico traseiro

El-Sonbati *et al.* **[138]** relataram propriedades térmicas dos complexos polimero-metales sintetizados a partir de poli (etilenoglicol) com Co (II), Ni(II), Cu(II) e Cd (II). **Yasuyoshi** *et al.* **[139] relataram** a estrutura dos complexos Fe (III) e Cu (II) com poli (álcool vinílico) por meio de técnicas de RMN. Polímeros de coordenação de poli (etilenoglicol) com sal Cd (II) foram sintetizados e caracterizados por **Rogers** *et al.* **[140].**

An *et al.* **[141]** relataram os complexos estudos de formação de iões Cr(III), Fe (III), Co(II), Ni(II), Cu(II) e Zn(II) com poli (álcool vinílico) parcialmente fosforilado em solução aquosa.

Observou-se que a formação complexa requer que o oxigénio hidroxilamina seja insubstituído, embora o azoto possa ter um substituto **[142]**. Existem muitas evidências que indicam que o anião hidroxamatos é um ligante bidentário e forma um complexo em que o ião metálico está ligado a ambos os átomos de oxigénio **[143]**.

A relação entre as estruturas dos ácidos poli (hidroxâmicos) e a sua capacidade quelante aos iões metálicos foi investigada pela **Philips** e **Fritz [144-145]** utilizando um Amberlite XAD-4 como material de estrangulamento. **Lee** *et al.* **[146]** relataram os métodos sintéticos para as resinas ácidas de poli (hidroxâmicas) formando resinas de poli (acrilato de etilo) reticuladas com divinilbenzeno e as suas propriedades de ligação ao metal. **Yunus-Wan [147]** estudaram a síntese, optimização e aplicação de resina ácida de poli (hidroxâmica). Foi dada atenção à síntese destas resinas quelantes e à aplicação à imobilização da enzima, bem como à aplicação nos campos da medicina e da agricultura.

Enterzami *et al.* **[148]** sintetizaram a resina de troca iónica de poli (hidroxâmica) ácido pela reacção de acrilamida/divinil benzeno com cloridrato de hidroxilamina e polimerizaram usando peróxido de benzoílo como iniciador. A capacidade destas resinas de extrair e separar iões metálicos Fe(III), Cu(II), Co(II), e Pb(II) também foi relatada.

O poli (4-acetil-3-hidroxifenil acrilato) (PAHAH) foi sintetizado por **Thamizharasi** *et al.* **[149]**, a reacção de 4-acetil-3-hidroxifenil acrilato (AHAH) sintetizado e polimerizado in-2-butanona usando peróxido de benzoílo como iniciador. Também relataram que a estabilidade térmica dos complexos metálicos destes polímeros aumenta em comparação com os polímeros livres.

Haron *et al.* **[150]** sintetizaram e caracterizaram uma resina ácida de poli (N-metil hidroxâmico) de contas de poli (N-metil-divinilbenzeno) e descobriram que a resina era eficiente na separação de alguns iões de terras raras em mistura de solução com HCl como eluente a pH 2.

Iskander *et al.* [151] foram preparados ácido metacriloil hidroxâmico pela reacção com acrilato de metilo e hidroxilamina e polimerizados usando AIBN como iniciador. O ácido polioxâmico (hidroxâmico) preparado mostrou uma capacidade de absorção de metal muito elevada.

A adsorção de todos os elementos tóxicos, utilizando resinas de permuta iónica de ácidos poli- (hidroxâmicos). Os iões de Cádmio e Crómio metálico mostram uma elevada toxicidade para o homem e para os animais, enquanto que o cobre e o zinco mostram uma toxicidade moderada para o homem e para os animais [152-155]. Todos estes metais são também tóxicos para as plantas, sendo o cádmio os elementos fototóxicos mais fortes [156-157].

Os complexos metálicos de ácidos poli (hidroxâmicos) são importantes em muitas áreas da ciência, incluindo a catálise, medicina (diagnóstico e terapia), concepção de materiais de alto valor, química analítica e como compostos modelo que a estrutura e função da metaloproteinase [158]. O estado de oxidação do metal e o número de átomos doadores, bem como a sua deposição relativa dentro do ligante, são factores importantes que determinam a estrutura - relação de actividade dos complexos metálicos [159-160]. Os quelatos metálicos desempenham um papel essencial na química dos organismos vivos e muitas proteínas metálicas e outros complexos metálicos de importância biológica têm sido estudados [161162].

Moustafa *et al.* [163] prepararam ácido poli-(hidroxâmico) através da reacção de poli (metacrilamida) e cloridrato de hidroxilamina a pH>11. Cloreto de crómio (CrCh) e sais de cloreto férrico (FeCh) foram adicionados ao polímero para aumentar a sua condutividade eléctrica. ou seja, os dopantes ajudam a produzir propriedades semicondutoras.

Anderson *et al.* [164] estudaram complexos de cobre de ácido (hidroxâmico) polimérico. Estes ácidos poli (hidroxâmicos) foram preparados pela reacção de cianoetilatos e cloridrato de hidroxilamina. Os complexos de cobre destes polímeros podem reduzir significativamente o decaimento da madeira, celulose e hemicelulose.

Pal *et al.* [165] sintetizaram ácido poli (hidroxâmico) pela reacção entre acrilamida e N-N^1 bisacrilamida de metileno e polimerizaram usando peróxido de benzoílo como iniciador radical. Os polímeros sintetizados foram utilizados como sorbente para a recuperação de urânio e outros iões metálicos pesados da água do mar.

Fe (III) - complexos Solen [N, N-bis (Salicylidene) - etano - 1,2-diamina] de ácido hidroxâmico simples e o inibidor de MMP (Matrix metalloproteinase) marimastal foram sintetizados e avaliados como portadores de drogas activadas por hipoxia por **Timotly** *et al.* [166].

Gopalan *et al.* [167] deram uma nova abordagem sintética para os ácidos poli (hidroxâmicos) através da reacção de derivados de N- benzoiloxicarbamato com nucleófilos de carbono estabilizados. Os ácidos poli-(hidroxâmicos) preparados apresentam uma capacidade de absorção de iões metálicos muito elevada.

Yunus *et al.* **[168]** prepararam resina ácida de poli (hidroxâmica) através da reacção de hidroxilamina cloridrato e poli (acrilato de etilo). Estas resinas foram utilizadas para

Ácidos (hidroxâmicos) e polímeros quelatos como agentes antimicrobianos a extracção de ouro, prata, cobre, ferro, níquel, cobalto e zinco em soluções ácidas diluídas.

Abdulla *et al.* **[169]** sintetizaram a resina ácida de poli (hidroxâmica) pela reacção do poli (acrilato de etilo - divinilbenzeno) e da hidroxilamina. Estas resinas são também utilizadas para a remoção do alumínio da água potável.

REFERÊNCIAS

1. Borland, G., Murphy, G. e Ager, A.; *J. Biol. Chem.*, **274**, 2810 **(1999)**.
2. Pikul, S., Dunham, K.L.M., Almstead, N.G., De, B., Natchus, M.G., Anastasio, M.V., McPhail, S.J., Snidu, C.E., Taiwo, Y.O. Chen, L.Y., Dunaway, C.M., Gu, F. e Mieling, G.E.; *J. Med. Chem,* **42**, 87 **(1999)**.
3. Bottomely, K.M., Johnson, W.H. e Walter, D.S.; *Enzyme Inhib.,* **13**, 79 **(1998)** .
4. Vogel, K.W. e Drueckhammer, D.G.; *J. Am. Chem. Soc.,* **120**, 3275 **(1998)**.
5. Chittarai, P., Jadhav, V.R., Ganesh, K.N. e Rajappa, S.; *J. Chem. Soc., Perkin Trans,* **1**, 1319 **(1998)**.
6. Holmen, B.A., Tejedor-Tejedor, M.I. e Casey, W.H., *Langmuir,* **13**, 2197 **(1979)**.
7. Agrawal, Y.K., Shah, G. e Vora, S.B.; *J. Radioanalytical and Nuclear Chemistry* **270 (1)**, 453 - 459 **(2006)**.
8. Agrawal, Y.K. e Desai, K.H.; *J. Indian Chem. Soc.,* **34(8)**, 757 **(1977)**.
9. Nagasaki, T. e Shinkai, S.; *J. Chem. Soc. Perkin Trans.* **2.** 1063 **(1991)**.
10. Araki, K., Hashimoto, N., Otsuka, H., Nagasaki, T. e Shinkai, S.; *Chem. Lett.* 829 **(1993)**.
11. Agrawal, Y.K. e Sharma, R.C.; *Ind. J. Chem.,* **46(A)**, 1772 **(2007)**.
12. De, Witt., C.C. e Von-Batcheldor, F.; *J. Am. Chem. Soc.,* **61**, 1247 **(1939)**.
13. Rule, T. e William; *Chem. Abstr.* **86**, 26 **(1982)**.
14. Miller, M.J.; *Chem. Rev.* **89**, 1563 **(1989)**.
15. Lossen, H.; *Liebigs Ann. Chem.,* **150**, 314 **(1869)**.
16. Ghosh, K.K. e Tamrakar, P.; *Ind. J. Chem.,* **40(A)**, 524 **(2001)**.
17. Yale, H.L.; *Chem. Rev.,* **33**, 209 **(1943)**.
18. Bombardeiro, E.; *BER.,* **52**, 1116 **(1919)**.
19. Shome, S.C.; *Analista,* **75**, 27 **(1950)**.
20. Ciskanik, L.M., Wilczek, J.M. e Fallon, R.D.; *Appl. Environ. Microbiol,* **61**, 998 **(1995)**.
21. Hirrlinger, B., Stolz, A. e Knackmuss, H.J.; *J. Bacteriology,* **178**, 3501 **(1996)**.
22. Das, A., Basuli, F., Flavello, L.R. e Bhattacharya, S.; *Inorg. Chem.,* **40(16)**, 4085 **(2001)**.
23. Farkas.; E.; *Pro. I.C.C.,* **34**, 6224 **(2000)**.
24. Fournand, D., Bigey, F. e Arnaud, A.; *J.Appl. Envir. Microbio.* **64(8)**, 2844 **(1998)**.
25. Segel, I.H.; *Enzyme Kinetics,* Wiley, New York, 602 **(1975)**.
26. Bauver, L. e Exner, O.; *Angew. Chem. Int. Ed. Engl.,* **13**, 376 **(1974)**.
27. Baylass, A.J., Hudson, K. e Tillet, J.G.; *J. Chem. Soc.,* **(B)**, 123 **(1971)**.
28. King, T.J. e Harrison, P.G.; *J. Chem. Soc. Commun.,* **13**, 815 **(1972)**.

29. Michaelson, R.C., Palermo, R.E. e Sharpless, K.B.; *J. Am. Chem. Soc.,* **99**, 1990 **(1977)**.

30. Agrawal, Y.K.; *Rev. Anal. Chem.,* **5**, 8 **(1980)**.

31. Agrawal, Y.K. e Roshania, R.D.; *Bull. Soc. Chem. Belg.* **89**, 159 **(1980)**.

32. Agrawal, Y.K. e Patel, S.A.; *Rev. Anal. Chem.,* **6**, 49 **(1982)**.

33. Agrawal, Y.K. e Jain, R.K.; *Rev. Anal. Chem.,* **4**, 237 **(1982)**.

34. Agrawal, Y.K. e Mehd, G.D.; Rev. *Anal. Chem.,* **6**, 185 **(1982)**.

35. Agrawal, Y.K.; D.Sc. Thesis, A.P.S. University **(1979)**.

36. Agrawal, Y.K.; *Russ. Chem. Rev.,* **48**, 948 **(1979)**.

37. Agrawal, Y.K.; *Sep. Sci.,* **10**, 167 **(1975)**.

38. Agrawal, Y.K.; Technical News Services, No. - 11, Aug-Sep. **(1976)**. Sarabhai, M. Chemicals, Baroda, Índia.

39. Chittari, P., Jadhav, V.R., Ganesh, K.N. e Rajappa, S .; *J. Chem. Soc., Perkin Trans.* **1**, 1319 **(1998)**.

40. Joshi, R.R. e Ganesh, K.N.; *Proc. Indian. Acad. Sci. Chem. Sci.,* **106**, 1089 **(1994)**.

41. Joshi, R.R. e Ganesh, K.N.; *Biochem. Biofísica. Ros. Commum.,* **182**, 588 **(1992)**.

42. Joshi, R.R. e Ganesh, K.N.; *Biochem. Biofísica. Acta.,* **45**, 1201 **(1994)**.

43. Hashimoto, S. e Nakamura, Y.; *J. Chem., Soc., Perkin Trans.* **1**, 2623 **(1996)**.

44. Hashimoto, S. e Nakamura, Y.; *J. Chem. Soc. Chem. Commum.,* 1413 **(1995)**.

45. Hashimoto, S., Ito, S. e Nakamura, Y.; *"Nucleic Acids Sys. S. Série".* (Oxford University Press, New York) **35**, 65 **(1966)**.

46. Hashimoto, S., Yamashita, R. e Nakamura, K.; *Chem. Lett.,* 1630 **(1992)**.

47. Coffman, D.D.; *Patente* 2, 402, 604 **(1946) dos EUA**.

48. Domb, A.J., Craralho, E.G. e Langer, R.; *J. Polym. Sci.,* **26**, 2623 **(1988)**.

49. Hoffman. R.K.; *U.S. Patent,* **CA 112 (A)**, 588, 302 **(1989)**.

50. Zvere, M.D. e Barach, A.N.; *Gre.; Often.,* 4 **(1988)**.

51. Hosseini, H.S. e Entezami, A. A.; Iraniano, *J. Poly. Sci & Tech.,* **4 (2)**, 84-88 **(1995)**.

52. Bergman, F.; *Anal. Chem,* **24**, 1367 **(1952)**.

53. Hatano, M., Nose, Y., Nozawa, T. e Kambara, S.; *Chem. Abstr.,* **65**, 15532g **(1966)**.

54. Kern, W. e Schulz, R.C.; *Angew. Chem.,* **69**, 153 **(1957)**.

55. Schouteden, F.; *Makromol. Chem.,* **27**, 246 **(1958)**.

56. Schouteden, F.; *Chem. Abstr.,* **52**, 21116e **(1958)**.

57. Schouteden, F. e Herbots, J.A.; *Chem. Abstr.,* **53**, 5739f **(1959)**.

58. Schouteden, F.; *J. Soc. Dyers Colourists,* **75**, 309 **(1959)**.

59. Festscher, C.A.; *Chem. Abstr.,* **62**, 4882d **(1965)**.

60. Festscher, C.A. e Lipowski, S.A.; *Chem. Abstr.,* **67**, 109273a **(1967)**.

61. Kunitake, T., Okahata, Y. e Ando, R.; *Macromolecules,* **7**, 140 **(1974)**.

62. Smith, F.B., Thomas, W.R. e Joel, W.G.; *U.S. Patent,* **5**,891,956 **(1999)**.

63. Moustafa, A.B. e Faizalla, A.; *J. Appl. Polym. Sci.,* **73**, 149 - 159 **(1999)**.

64. Lee, T.S. e Hong, S.I.; *J. Polymer. Sci.,* **33**, 203 **(1995)**.

65. Sahni, S.K. e Reedijk; *J. Coord. Chem. Rev.* **59**, 1 **(1984)**.

66. Tsuchida E. e Nishidi, H.; *J. Adv. Polym. Sci.* **24, 1 (1977)**.

67. Akelah, A. e Moet, A.; "Functionalized Polymers and their Application", Chapman and Hall, Londres, **(1990)**.

68. Kern, W. e Shultz, R.C.; Angew Chem., **69**, 153 **(1957)**.

69. Philips, R.J. e Fritz, J.S.; *Anal. Chem. Acta.,* **121,** 255 **(1980)**.

70. Yasemin, I., Dursun, S. e Nurettin, S.; *Polymer Bulletin,* **47**, 71 - 79 **(2001)**.

71. Hosseini, H. S. e Entezami, Ali.; *J. Appl. Polym. Sci.,* **90**, 63 - 71 **(2003)**.

72. Sari, N., Kahraman, E., Sari, B. e Ozgun, A.; *J. Macromolecular Sci. Part, A, Pure and Appl. Chem.,* **43**, 1227 - 1235 **(2006)**.

73. Raskop, M.P., Grimm, A. e Seubert, A.; *Microchimica Acta,* **158,** (1 - 2) 85 - 94 **(2007)**.

74. Werner, A. e Miolati, A.; *J. Phys. Chem.,* **12**, 35 **(1893)**.

75. Werner, A. e Miolati, A; *J. Phys. Chem.,* **14**, 506 **(1894)**.

76. Lee, J.D.; *"Concise Inorganic Chemistry",* Chapman and Hall, Vlth Ed., U.K., 194 **(1996)**.

77. Atkins e Shriver; *"Inorganic Chemistry",* Oxford University Press, Vlth Ed., New York, 212 **(1999)**.

78. Banerjee, D.; *"Princípios Fundamentais da Química Inorgânica"* Sultão Chand e Filhos, III^a ed., Banerjee, D.; *"Princípios Fundamentais da Química Inorgânica"* Sultão Chand e Filhos, III^a ed. Nova Deli, 349 **(1993)**.

79. Irving, H. e Williams, J.P.; *Nature,* 162 **(1948)**.

80. Calvin, M. e Wilson, K.W.; *J. Am. Chem.* Soc., **67**, 2003 **(1945)**.

81. Calvin, M. e Bailer, R.H.; *J. Am. Chem. Soc.,* **68**, 949 **(1946)**.

82. Sidgwick, N.V.; *J. Chem.* Soc., 443 **(1991)**.

83. Pfeiffer, P., Breith, E., Lubbe, E. e Tsurnak, T.; *Chem. Abst.,* **27**, 4225 **(1933)**.

84. Algodão, F.A., Wilkinsan, G., Murillo. C.A. e Bochmann, M. *"Advanced Inorganic Chemistry",* Vlth Ed. John Wiley and Sons. Inc., Nova Iorque, 633 **(1999)** .

85. Morgan, G.T.; *J. Chem. Soc.,* 2611 **(1925)**.

86. Vanuitert, L.G. e Fernelius, W.C.; *J. Am. Chem. Soc.,* **76**, 379 **(1954)**.

87. Ballhausen, G.J.; *"Introduction to ligand field theory",* McGraw Hill, New York, 108 **(1962)**.

88. Jorgensen, C.K.; *"Absorption spectra and chemical bonding in complexes".*

Pergamon, Elmsford, N.Y., **(1962)**.

89. Algodão, F.A.; *Prog. Inorg. Chem.*, **7**, 88 **(1966)**.

90. Lever, A.B.P.; *J. Chem. Soc,* **(A)**, 2041 **(1967)**.

91. Figgis, B.N.; *"Introduction to Ligand Field Theory"* Interscience, New York **161**, 232 **(1967)**.

92. Tanabe, Y. e Sugano, S.; *J. Phys., Japão,* **9**, 760 **(1954)**.

93. Schwarzenbach, G., e Flaspna, H.; *"Complexometric Titrations",* Ist Ed., Methuen, Londres, **(1959)**.

94. Maurya, R.C., Shrivastava, D.K. e Singh, T.; *J. Inst. Chemists (Índia),* **71 (5)**, 198 **(1999)**.

95. Pearson, R.G.; *J. Chem. Edu.,* **45**, 581 **(1968)**.

96. Dhakarey, R. e Saxena, G.C.; *J. Chem. Soc.,* **32**, 35 **(1985)**.

97. Kuznetsov, Y.I. e Vagapor, R.K.; *Prot. Met.;* **38 (B)**, 210 **(2002)**.

98. Maurya, M.R. e Maurya, R.C.; *Coord. Chem. Rev.,* **15 (1995)**.

99. Mehrotra, S., Pandey, V., Lakhan, R. e Shrivastava, P.K.; *J. Indian Chem. Soc,* **79 (2)**, 176 **(2002)**.

100. Wang, S., Gao, J., Yu, J., Li, W. e Wang, W.; *Chem. Abstr.,* **132**, 2022 65v **(2000)** .

101. Singare, M.S. e Ingle, D.B.; *J. Indian Chem. Soc,* **53 (10)**, 1039 **(1978)**.

102. Areno, A., Boina, L., Merendino, R.A. e Mostroeni, P.; *Drugs Exp. Chim. Res.,* **9 (4)**, 299 **(1983)**.

103. Dobek, A.S., Klayman, D.L., Seovill, J.P. e Dickson, F.T.; *Quimioterapia (Basileia),* **32 (1)**, 25 **(1986)**.

104. Dhakarey, R. e Saxena, G.C.; *J. Indian. Chem. Soc,* **64**, 685 **(1987)**.

105. Sengupta, S.K., Sahni, S.K. e Kapoor, R.N.; *Acta. Chem. Acad. Sci.* Hung. **104 (1)**, 89 **(1980)**.

106. Agrawal, D.K. e Pandey, B.R.; *Res. Química Comum. Pathol. Pharmacol.,* **26 (3)**, 525 **(1979)**.

107. Wahab, A.; *Eqypt. J. Chem,* **21 (5)**, 403 **(1978)**.

108. Klayman, D.L., Acton, N. e Seovill, J.P., *Arzneium -Forsch.,* **36 (1), (1986)**.

109. Pilipenko, A.T. e Sol'figarov, O.S.; *Gidroksamovye Kisloty (Ácidos Hidroxâmicos),* Moscovo: *Nauka,* **(1987)**.

110. Balley, B.W.; *Talanta,* **9**, 753 **(1962)**.

111. Balley, B.W.; *Talanta,* **12**, 61 **(1965)**.

112. Chester, R.C.; *Talanta,* **13**, 13 **(1966)**.

113. Leonard, M.A. e West, T.S.; *J. Chem. Soc.,* **44**, 77 **(1960)**.

114. Belcher, R.; *Talanta,* **2**, 92 **(1959)**.

115. Fernandes, M.C.M., Paniago, E.B. e Carvalho, S.; *J. Braz. Chem. Soc.,* **8(5)**, 537 **(1997)**.

116. Kurzak, B., Koazlowski, H. e Farkas, E.; *Coord. Chem. Rev.,* **114**, 169 **(1992)**.

117. Exner, O. e Holubeek, J.; *Coll. Checo. Chem. Commum.,* **30**, 940 **(1965)**.

118. Exner, O. e Siman, W.; *Coll. Chem, Chem. Commun,* **30**, 4078 **(1965)**.

119. Mizukami, S. e Nagata, K.; *Coord. Chem. Rev.,* **3**, 267 **(1968)**.

120. Dutta, R.L.; *J. Indian Chem. Soc.,* **40**, 53 **(1963)**.

121. Luzyanin, K.V., Kukushkin, V.Y., Haukka, M., Frausto, J.J.R., e Pomberio, J.L.A.; *J. Chem. Soc., Dalton Trans.,* 2728 **(2004)**.

122. Failes, T.W. e Hambley, T.W.; *J. Chem. Soc., Dalton Trans.,* 1896 **(2006)**.

123. Anne, E.V., Andrew, J.W. e Marrin, J.M.; *Nat. Prod. Rep.,* **17**, 99 **(2000)**.

124. Khunt, R.D., Neel, Fatima, B. e Parikh, A.K.; *J. Ind. Chem.* Soc. **78**, 47 **(2001)** .

125. Fender, I. e Le-Drian, C.; *Tetrahedron Lett.,* **39 (24)**, 4287 - 4290 **(1998)**.

126. Mizuta, T., Onishi, M. e Miyoshi, K.; *Organometallics*, **19(24)** 5005 - 5009 **(2000)**.

127. Orazzhanova, L.K., Yashkarova, M.G., Bimendina, L.A. e Kudaibergenov, S.E.; *J. Appl. Polym. Sci.,* **87(5)**, 759-569 **(2003)**.

128. Varvara, S., Muresan, L., Popescu, I.C. e Maurin, G.; *Hidrometalurgia,* **75 (1 - 4)**. 147 - 156, **(2004)**.

129. Won, R, K., Chang, W.J., Kim, H., Koo, Y.M. e Hahn, J.H.; *Electroforese,* **24(18),** 3253 - 3259 **(2003)**.

130. Varghese, S., Lele, A.K., Srinivas, D. e Mashelkar, R.A.; *J. Phys. Chem. Parte (B),* **105 (23)** 5368 - 5373 **(2001)**.

131. Ahmed, M., Malik, M.A., Pervez, S. e Raffig, M.; *J. Europ. Polym.,* **48(8)**, 1609 - 1613 **(2004)**.

132. Majumdar, A.K; *"N-Benzoylphenylhydroxylamine and its Analogues".* (Pergamen, Oxford) **(1972)**.

133. Priyadarshini, U. e Tandon, S.G.; *Analista,* **86**, 454 **(1961)**.

134. Arimoto, F.S. e Haven, A.C.; *J. Am. Chem. Soc.,* **77(23)** 6295 - 6297 **(1955)**.

135. Mathew, B., Madhusudunan, P.M. e Pillai, V.N.R.; *Thermochimica Acta.,* **207**, 265 - 277 **(1992)**.

136. Jose, L. e Pillai, V.N.R.; *J. Eur. Polym.* **32 (12)**, 1431 - 1435 **(1996)**.

137. Takahiro, H., Shunsaku, K. e Kazahiko, S.; *J. Polym. Sci, Part A: Polymer Chemistry.,* **24**, 1953 - 1966 **(1986)**.

138. Diab, M.A. e El-Sonbati, A.Z.; *Polym. Deg. Stab.,* **29(3)**, 271 - 277 **(1990)**.

139. Yasuyoshi, M., Hiroshi, Y. e Yutaka, F.; *Polym. J.* **27(3),** 271 - 277 **(1995)**.

140. Rogers, D.R., Bond, A.H., Aguinaga, S. e Reyers, A.; *Inorg. Chim. Acta.* **212 (1 - 2)**, 225 - 231 **(1995)**.

141. An, Y., Ushida, T., Suzuki, M., Kayama, T., Hanabusa, K. e Shirai, H.; *Polymer.,* **37(14)** 3097 - 3100 **(1996)**.

142. Smith, P.A.S.; "The Chemistry of Open - Chain Organic Nitrogen Compounds", Benjamin, W.A., New York, **2**, 68 **(1965)**.

143. Barton, S., Ollis, W.; "Comprehensive Organic Chemistry"; Pergamon; New York, **2**, 1042 **(1979)**.

144. Phillips, R.J. e Fritz, J.S.; *Anal. Chim. Acta,* **121**, 225 **(1980)**.

145. Phillips, R.J. e Fritz, J.S.; *Anal. Chim. Acta,* **139**, 237 **(1982)**.

146. Lee, T.S. e Hong, S.I.; *Polym. Bull.,* **32,** 273 **(1994)**.

147. Yunus-Wan, W.M.Z.; *Tese de Doutoramento,* Salford, U.K. **(1980)**.

148. Enterzami, A.A., Fakhri, A.S. e Khadadadi, R.; *Iranian Journal of Polymer Science and Technology* **4(4),** 248 - 255 **(1995)**.

149. Thamizharasi, S., Venkata, A., Rami-Reddy e Balasubramanian, S.; *J. Appl. Polym. Sci.,* **67**, 177 - 182 **(1998)**.

150. Haron, M.J., Balci, S., Yunus, W.Z., Silong, S., Rahman, M.Z.A. e Ahmad, M.Y.M.; *Sci. Int. (Lahore),* **12**, 53 **(2000)**.

151. Iskander, G.M., Kapeenstein, H.M., Davis, T.P. e Wiley, D.E.; *J. Appl. Polym. Sci,* **78**, 751 - 758 **(2000)**.

152. Lin, S.H. e Juang, R.S.; *J. Hazard Matter.,* **92 (B)**, 315 **(2002)**.

153. Abollino, O., Accto, M., Malandrino, M., Sarzanini, C. e Mentasti, E.; *Water Res.,* **37**, 1619 **(2003)**.

154. Demirbas, A., Pehlivan, E., Gode, F., Altun, T. e Arslan, G.; *J. Colloid, Interf. Sci.,* **282**, 20 **(2005)**.

155. Inglezakis, V.J., Loizidou, M.D. e Griporopoulan, H.P.; *Water Res.,* **36**, 2784 **(2002)** .

156. Inglezakis, V.J., Zorpas, A.A., Loizidou, M.D. e Griropoulou, H.P.; *Micropor. Mesopor. Mater.,* **61**, 167 **(2003)**.

157. Ayuso, E.A., Sanchez, A.G. e Querol, X.; *Water Res.,* **37**, 4855 **(2003)**.

158. Dawson, M.I.; *J. Med. Chem,* **47 (14)**, 3518-3536 **(2004)**.

159. Amado, A.M. e Ribeiro-Claro, P.J.A.; *Inorg. Biochem.,* **98**, 561 **(2004)**.

160. Ispir, E., Kurtoglu, M., Purtas, F. e Serin, S.; *Transition Met. Chem.,* **30**, 1042 **(2005)**.

161. Kaliyappan, T. e Kanan, P.; *Polym. Sci.,* **25**, 343 **(2000)**.

162. Kurtoglu, M., Ispir, E., Kurtoglu, N. e Serin, S.; *Dyes Pigments.* **77,** 75 **(2008)**.

163. Moustafa, N., Mazzroua, A. e Gomao, E.; *J. Appl. Poly. Sci.,* **81**, 2095 - 2101 **(2001)**.

164. Anderson, Albert Gordon (Wilmington, DC) Scialdone, Mark, A. (Oxford, PA) *U.S. Patent* **701,** 2345 **(2005)**.

165. Pal, S., Ramachandran, P.S., Tewari, V. e Sudersanan, M.; *J. Macromolecular Sci. Part A. Pure and Appl. Chem.,* **43,** 735 - 747 **(2006)**.

166. Timothy, W., Failes, e Trever, W. Hambley; "Towards Bioreductivity active

prodrugs: Fe(III) complexes of hydroxamic acids and the MMP inhibitor marimastal"; *J. Inorg. Bio. Chem.,* 101, 396 - 403 **(2007).**

167. Gopalan, A.S., Liu, Y. e Jacobs, H.K.; *Dep. Chem. Biochem., USA.* publicado online em **(6 de Maio de 2009)**.

168. Yunus- Wan, Waz- Md, Zin. e Haron, Md. J.L.; *Pertanika, J. Soc. Sci. e Technol.* **4(2),** 149 - 155 ISSN 0128 - 7680 **(2009).**

169. Abdulla, Md.P., Othman, Md, N. e Yangfarina, Abd. A.; *J. Sains, Malaysiana,* **39(1),** 51 - 55 **(2010).**

CAPÍTULO 2. EXPERIMENTAL

2.1 SÍNTESE DE ÁCIDOS HIDROXÂMICOS

2.1.1 Síntese de ácido acrílico hidroxâmico (AHA): 13,9 g [0,2 mol.] de cloridrato de hidroxilamina foi dissolvido num metanol de 100 ml e adicionados 8,6 ml de metilacrilato [0,1 mol.] e agora foram adicionados 50 ml de solução metanólica de KOH [5M] gota a gota com agitação constante. Alterando a agitação durante 24 h à temperatura ambiente, o metanol foi evaporado. O resíduo sólido obtido foi acidificado com ácido acético/água [50:50; 50 ml] e extraído com acetato de etilo [50x2 ml]. A concentração de fases orgânicas proporciona óleo, que após co-evaporação azeotrópica com tolueno [30x2 ml]. Após a co-evaporação, foi obtido um sólido granulado branco e lavado liberalmente com éter dietílico por várias vezes e seco em estufa a vácuo até obter um peso constante. O AHA foi fundido a 158°C e o rendimento foi de 75%.

2.1.2 Síntese de ácido acrílico de metilo hidroxâmico (MAHA): 13,9 g de cloridrato de hidroxilamina [0,2 mol] foi dissolvido em 80 ml de metanol e adicionado a 10 ml de acrilato de metilo [0,1 mol]. Foram adicionados 60 ml de solução metanólica de KOH [5M] gota a gota com agitação constante. Após agitação durante 30 h à temperatura ambiente, o metanol foi evaporado. O resíduo sólido obtido foi acidificado com ácido acético/água [50: 50; 50 ml] e extraído com acetato de etilo [50x2 ml]. A concentração de fase orgânica proporciona um óleo, que após co-evaporação azotropica com tolueno [40 ml] e depois com álcool etílico [50x2 ml]. Após a co-evaporação, foi obtido um sólido granulado branco e lavado liberalmente com éter dietílico durante várias vezes e seco em estufa a vácuo até obter um peso constante. A MAHA foi derretida a 182°C e o rendimento da MAHA foi de 80%.

2.1.3 Síntese de ácido acrílico-carboxâmico cinnamo: (CAHA): 8,6 ml [0,05 mol.] de acrilato de metilo e 13,9 g de cloridrato de hidroxilamina [0,2 mol.] foram dissolvidos em 100 ml de metanol e acrescentados 14,82 gm [0,1 mol.] de ácido cinâmico. 80 ml de solução metanólica de KOH [5 M] foi adicionada gota a gota com agitação constante. Após agitação durante 36 h à temperatura ambiente, o metanol foi evaporado. O resíduo sólido obtido foi acidificado com ácido acético/água [50:50; 100 ml] e extraído com acetato de etilo [50x3 ml]. A concentração de fase orgânica proporciona um óleo, que após co-evaporação azeotrópica com tolueno [50 ml] e depois com álcool etílico [50x3 ml]. Após a co-evaporação, foi obtido um sólido granulado branco e lavado liberalmente com éter dietílico por várias vezes e seco em dessecador de vácuo. O ponto de fusão do CAHA era de 198°C e o rendimento do CAHA era de 75%.

2.2 SÍNTESE DE ÁCIDOS POLI (HIDROXÂMICOS)

2.2.1 Síntese de ácido Poli (acrylo hidroxâmico) (PAHA): 100 mg de um azobisisobutíronitrilo recém-recristalizado e seco [AIBN]* foi tomado num balão de fundo redondo de 250 ml limpo e seco e misturado com 50 ml de solução de ácido acrylo hidroxâmico [1 g de AHA dissolvido em 50 ml de solução de água / DMF (95: 5 v/v)]. O frasco foi rodado suavemente até o AIBN ser dissolvido na solução. Agora cada ampola de vidro foi enchida com 10 - 10 ml destas misturas com a ajuda de uma seringa. A ponta de cada ampola de vidro foi selada com chama. Estas ampolas foram aquecidas num banho de água durante 6 h. Estas ampolas foram arrefecidas e depois quebraram cada ampola em metanol de gelo. Foi obtido um precipitado branco, o precipitado recolhido foi lavado com álcool e seguido de éter dietílico. Finalmente, foi seco sob vácuo a 60°C, tendo sido encontrado um pó granular branco. O PAHA torna-se castanho a 200°C e derrete a 232°C. O rendimento do PAHA foi de 65%.

2.2.2 Síntese de ácido poli (metha acrylo hidroxâmico) (PMAHA):120 mg de um azobisisobutíronitrilo recém-recristalizado e seco [AIBN] foi tomado num balão de fundo redondo de 250 ml limpo e seco e adicionado 50 ml de solução de ácido metha acrylo hidroxâmico. [1,2 gm MAHA são dissolvidos em 50 ml de água / solução de DMF (95:5, v/v)]. Os frascos foram rodados suavemente até a AIBN ser dissolvida na solução. Agora cada ampola de vidro foi enchida com 10 - 10 ml destas misturas com a ajuda de uma seringa. A ponta de cada ampola de vidro foi selada com chama. Estas ampolas foram aquecidas num banho de água durante 5 h. Estas ampolas foram arrefecidas e depois quebradas em metanol de gelo. Foi obtido um precipitado branco que se separou e lavou com álcool e seguido de éter dietílico. Finalmente, foi seco sob vácuo a 60°C, tendo sido encontrado um pó granular branco. O PMAHA torna-se negro a 212°C e derrete a 245°C, o rendimento do PMAHA era de 70%.

2.2.3. Síntese de ácido poli (cinnamo acrylcarbo hidroxâmico) (PCAHA): 100 mg de azobisisobutíronitrilo recém-recristalizado e seco foi tomado num balão de fundo redondo limpo e seco de 250 ml e misturado com 50 ml de solução de ácido cinnamo acrylcarbo hidroxâmico dissolvido em água/solução de MDF. [O CAHA de 1,5 g foi dissolvido em 50 ml de solução de água/DMF (95:5, v/v)]. O frasco foi rodado suavemente até a AIBN ser dissolvida. Agora cada ampola de vidro foi enchida com 10 - 10 ml destas misturas com a ajuda de uma seringa. A ponta de cada ampola de vidro foi selada com chama. Estas ampolas foram aquecidas num banho de água durante 7 h. Estas ampolas foram arrefecidas e depois quebraram cada ampola em metanol de gelo. Foi obtido precipitado branco, filtrado o precipitado e lavado com álcool e éter dietílico e seco sob vácuo a 60°C, tendo sido encontrado um pó granular branco. O PCAHA derrete a 230°C. O rendimento do PCAHA foi de 70%.

---

* O AIBN pode ser recristalizado a partir do metanol. Devido à natureza explosiva do AIBN, a solução de metanol não deve ser aquecida. Uma solução saturada à temperatura ambiente pode ser feita e arrefecida num frigorífico ou evaporada lentamente à temperatura sob pressão reduzida para obter colheitas de cristais de AIBN.

2.3 SÍNTESE DE POLÍMEROS QUELATOS

2.3.1 Síntese de polímeros quelatados de PAHA: 0,20 g [0,002 mol.] PAHA foi dissolvido em 25 ml de água e misturado com 15-20 ml de solução aquosa [0,001 mol.] de 0,245 g de acetato de manganês tetrahidratado/0,249 gm de acetato de cobalto tetrahidratado/0,248 gm de acetato de níquel tetrahidratado/0,199 gm de acetato de cobre mono-hidratado em frascos redondos de fundo saparato. As misturas foram bem agitadas durante 15-20 minutos e o pH regulado para 5,0 com $H_2 SO_4$ [2M] solução e agora refluxada em banho de água durante 5 a 6 h. As soluções quentes foram filtradas, e os filtrados foram mantidos à temperatura ambiente e depois mantidos num frigorífico durante mais de uma noite. Os sólidos cristalinos coloridos foram obtidos filtrados, lavados com álcool e seguidos de éter e depois secos sobre $CaCl_2$ anidro em dessecadores de vácuo.

2.3.2. Síntese de polímeros quelatos de PMAHA: 0,20 g [0,002 mol.] PMAHA foi dissolvido em 20 ml de água e misturado com 20-25 ml de solução aquosa [0,001 mol.] de 0,245 gm de acetato de manganês tetrahidratado/0,249 gm de acetato de cobalto tetrahidratado/0,248 gm de acetato de níquel tetrahidratado/0,199 gm de acetato de cobre mono-hidratado em balão de fundo redondo saparately. As misturas foram bem agitadas durante 15-20 minutos e o pH regulado para 5 e agora refluxadas em banho-maria durante cerca de 5 a 6 h. As soluções quentes foram filtradas, e os filtrados foram mantidos à temperatura ambiente e depois mantidos num frigorífico durante mais de uma noite. Os sólidos cristalinos coloridos foram obtidos filtrados, lavados com álcool e seguidos de éter e depois secos sobre $CaCl_2$ anidro em dessecadores a vácuo.

2.3.3. Síntese de polímeros quelatos de PCAHA: 0,20 g [0,002 mol.] PCAHA foi dissolvido em 20 ml de água e misturado com 20-25 ml de solução aquosa [0,001 mol.] de 0,245 gm de acetato de manganês tetrahidratado/0,249 gm de acetato de cobalto tetrahidratado/0,248 gm de acetato de níquel tetrahidratado/0,199 gm de acetato de cobre mono-hidratado. As misturas foram bem agitadas durante 20-25 minutos e o pH foi regulado para 5 e agora refluxado em banho-maria durante cerca de 5 a 6 h. As soluções quentes foram filtradas, e os filtrados foram mantidos à temperatura ambiente e depois mantidos num frigorífico durante a noite. Os sólidos cristalinos coloridos foram obtidos filtrados, lavados com álcool e seguidos de éter e depois secos sobre $CaCl_2$ anidro em dessecadores a vácuo.

CAPÍTULO 3. CARACTERIZAÇÃO

Várias técnicas físico-químicas são utilizadas para caracterizar e estabelecer a estrutura de compostos desconhecidos. O ácido hidroxâmico sintetizado, o ácido poli-(hidroxâmico) e os quelatos metálicos foram caracterizados em duas etapas.

Etapa I: A autenticidade e pureza do composto sintetizado foram verificadas através da determinação do ponto de fusão repetido de ácidos hidroxâmicos e ácidos poli- (hidroxâmicos) e temperatura de decomposição de polímeros de quelatos metálicos de sampalas recristalizadas e de um único ponto em T.L.C.

Passo II: Os compostos sintetizados foram caracterizados por FTIR, H1-NMR, TGA [apenas para ácido poli-(hidroxâmico)] e estudos espectrais electrónicos [apenas para quelatos metálicos de ácido poli-(hidroxâmico)] para elucidar a estrutura provável do ácido poli-(hidroxâmico) e os seus polímeros quelatados.

3.1 ESTUDOS ESPECTRAIS DE INFRAVERMELHOS (FTIR)

Em 1800, a luz infravermelha foi descoberta [1] por **Sir William Herschel** e ele criou o princípio que tem sido utilizado para construir o espectrómetro IR. Contudo, o espectrómetro comercial de infravermelhos foi concebido por **Wilbur Kaye** em 1950. A espectroscopia infravermelha é uma das técnicas analíticas mais [2-5] poderosas e simples para a caracterização de diferentes tipos de compostos orgânicos e inorgânicos. Conta sobre a natureza da ligação, modo de ligação, ligadura metálica, presença ou ausência de grupos funcionais nos compostos.

As regiões infravermelhas foram classificadas [6] da seguinte forma.

(1) A região de infravermelhos próximos: Vai de 0,8 a 25μ, ou seja, 12500 - 4000 cm^{-1} .

(2) A região do infravermelho médio: Vai de 2,5 a 15μ, ou seja, 4000-667cm^{-1} .

(3) A região do infravermelho distante: Esta varia de 15 a 200 μ, ou seja, 667 - 50 cm^{-1} .

A região de IV média é importante para a caracterização dos compostos orgânicos. Algumas substâncias contendo o mesmo grupo funcional mostram absorção semelhante acima de 1500 cm^{-1} mas a sua posição de absorção difere na região das impressões digitais.

Quando o feixe IR de radiações é passado através da molécula dentro de uma amostra, deve passar uma mudança líquida no momento dipolo que resulta numa mudança de energia vibracional ou rotacional devido à qual vibram diferentes átomos na molécula. Há dois modos de vibrações fundamentais:

1. Vibrações de alongamento: Estas vibrações ocorrem pela alteração do comprimento da ligação entre dois átomos e o eixo da ligação permanecem os mesmos. Estas vibrações são de dois tipos

(a) Estiramento simétrico - Neste tipo de vibrações, os dois átomos movem-se nas mesmas direcções.

(b) Estiramento assimétrico - Neste tipo de vibrações, os dois átomos movem-se nas diferentes direcções.

2. Vibrações de flexão: Estas vibrações ocorrem pela mudança do ângulo de ligação entre dois átomos em relação ao eixo de ligação original.

Estas vibrações são ainda classificadas em quatro tipos;

(a) Tesoura: Neste tipo de vibrações, os dois átomos movem-se um para o outro e afastam-se um do outro. (no avião)

(b) Abalroamento: Neste tipo de vibrações, os átomos balançam na mesma direcção. (no avião)

(c) A abanar: Neste tipo de vibrações, os átomos movem-se "para cima e amanhecem" para fora do plano em relação ao átomo central.

(d) Torção: Neste tipo de vibrações, um dos átomos move-se para cima do plano enquanto o outro se move para baixo do plano em relação ao átomo central. Agora um dia, a espectroscopia IR foi substituída pela espectroscopia de infravermelhos de transformação de Fourier (FT-IR), que é utilizada devido ao seu melhor desempenho em termos de velocidade e eficiência sobre o espectrómetro de infravermelhos dispersivo. Em 1887, **Albert Michelson** (médico americano nascido na Alemanha) aperfeiçoou este instrumento e utilizou-o. O diagrama esquemático do espectrómetro de FT-IR é apresentado na Fig. 3.1

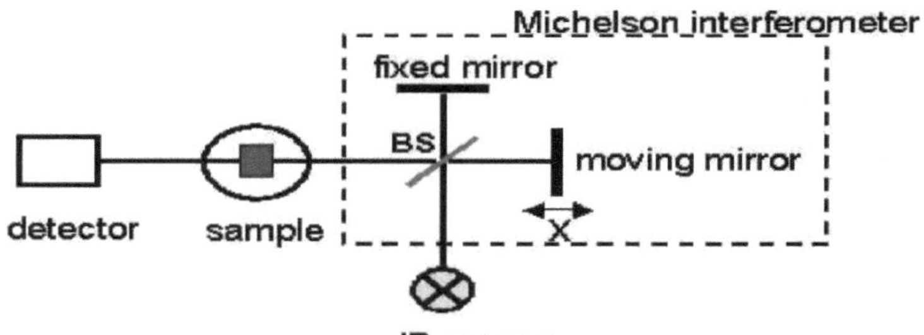

Fig. 3.1: Um diagrama esquemático do espectrómetro FT-IR

Os vários componentes de um espectrómetro FT-IR são:

(1) Fonte: Fonte é uma primeira componente [7] do espectrómetro FT-IR. Nernst glower ou filamento de Nernst (misturas sinterizadas dos óxidos de Zr, Th, Ce, Y, Er, etc.), Globar (carboneto de silício) são utilizados como fonte. Hoje em dia, uma cerâmica condutora ou um aquecedor de fio revestido com cerâmica são geralmente utilizados como fonte no espectrómetro FT- IR.

(2) Interferómetro: O interferómetro Michelson é utilizado no espectrómetro FT-IR em vez do monocromador. Um diagrama esquemático do interferómetro Michelson

é apresentado em
Fig. 3.2

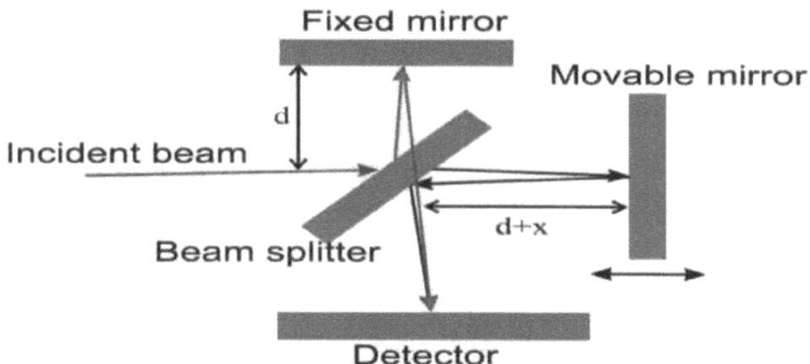

Fig. 3.2: Um diagrama esquemático do interferómetro Michelson

Quando o feixe IR de radiações passa através da amostra, metade do feixe passa através do espelho (fixo) e metade refractado ao espelho em movimento. Após reflexão por estes dois espelhos, dois feixes são recombinados no separador de feixe e passam através da célula e, depois disso, a radiação é focada no detector.

(3) Detector: Existem dois detectores normalmente [8] utilizados para a região do infravermelho médio. O detector normal para uso rotineiro é um dispositivo piroeléctrico que incorpora sulfato de deutério triglicina (DTGS). Para trabalhos mais sensíveis, pode ser utilizado telureto de cádmio de mercúrio (MCT). O detector fornece interferograma baseado [9] **na** intensidade resultante do feixe combinado de radiações que cai sobre ele. Mede a quantidade de energia em diferentes intervalos de movimentos do espelho.

Um levantamento da literatura revela que em todos os hidrocarbonetos, as bandas C=C e C-H são caracterizadas pelo aparecimento de bandas infravermelhas na região 1650 - 1590 cm^{-1} e 3100 - 2800 cm^{-1} respectivamente e deformação C-H (fora do plano) na região 990 - 675 cm^{-1} [10]. O anel aromático, de natureza alifática, é melhor identificado pela banda de estiramento cerca de 3095 - 3000 cm^{-1} , 2980 - 2900 cm^{-1} e C=C na região 1600 - 1500 cm^{-1} [11], enquanto que o número e a posição dos substitutos no anel são tipicamente determinados a partir da posição da banda na faixa de 1000 - 650 cm^{-1} . Esta gama pode ser de grande utilidade na análise estrutural do grupo. Moléculas de água que estão associadas a compostos sintetizados também foram relatadas por ***Bloch et al.*** [12]. A presença de moléculas de água coordenadas nos espectros do R.I. de complexos metálicos é indicada por uma banda larga na região 3421 - 3319 cm^{-1} seguida por outra banda de 890 - 810 cm^{-1} que se devem provavelmente a oscilações e vibrações de balanço do grupo -OH respectivamente. As ligações M-N e M-O foram relatadas abaixo dos 600 cm^{-1} devido à massa relativamente pesada e baixa ordem de ligação dos iões metálicos.

3.1.1 Experimental

Os espectros FTIR foram gravados com o espectrofotómetro **Shimodzu 8201**

PC (**4000 - 400 cm^{-1}**) usando a pastilha KBr, na Sofisticada Instalação Instrumental Analítica da **CDRI,** Lucknow.

3.1.1.1 Resultados e Discussões

Devido ao complicado padrão de espectros, não é possível interpretar todas as bandas inteiras em espectros de Infravermelhos de uma molécula. Assim, por uma questão de brevidade, apenas foram explicadas as bandas importantes que são indicativas de grupos funcionais e moieties estruturais.

Há certas bandas que são comuns nos espectros infravermelhos do ácido hidroxâmico sintetizado, ácido (hidroxâmico) e polímeros quelatados de ácido (hidroxâmico) poliéster. As bandas observadas relevantes nos espectros infravermelhos do ácido hidroxâmico sintetizado, do ácido poli-(hidroxâmico) e dos quelatos metálicos, juntamente com a sua possível atribuição, são apresentadas nos **quadros 3.1 e 3.6.**

3.1.1.1.1 Estudos espectrais FTIR de ácidos hidroxâmicos

Espectros FTIR (**Fig. 3.3 a 3.5**) de todos os ácidos hidroxâmicos exibidos na região 3439.9-3447.7 cm^{-1} devido a vibrações de estiramento -OH [ligação intermolecular de hidrogénio], 3129.5-3244.0 cm^{-1} devido a vibrações de estiramento N-H. AHA e MAHA exibiram bandas na região 2955.9-2965.0 cm^{-1} devido a vibrações de estiramento C-H devido a vibrações alifáticas na natureza e CAHA exibiram bandas a 3033.9 cm^{-1} devido a vibrações de estiramento C-H do anel aromático. Todos os ácidos hidroxâmicos exibiram bandas de absorção na região 1630,5 -1652,1 cm^{-1} devido a >C=O vibração de alongamento devido ao grupo carbonyl, 1407,4 cm^{-1} - 1409,9- cm^{-1} devido a vibração de alongamento C-N, na região 1103,8 - 1120,5 cm^{-1} devido a vibrações de flexão N-H e bandas de absorção na região 1029,9 -1044,7 cm^{-1} devido a vibrações de alongamento N-O.

3.1.1.1.2 Estudos espectrais FTIR de ácidos poli- (hidroxâmicos)

Espectros FTIR (**Fig. 3.6 a 3.8**) de todos os ácidos poli (hidroxâmicos) exibidas bandas na região 3428.9-3451.9 cm^{-1} devido a vibrações de estiramento -OH [valor reduzido devido à ligação intermolecular de hidrogénio], 3135.3 -3221.0 cm^{-1} devido a vibrações de estiramento N-H, PAHA e PMAHA exibiram bandas na região 2933,2 - 2935,0 cm^{-1} devido a vibrações de estiramento C-H de natureza alifática e PCAHA exibiram bandas em quase 3029,7 cm^{-1} devido a vibrações de estiramento C-H de anel aromático. Todos os ácidos poli (hidroxâmicos) exibiram bandas de absorção na região 1635,3 -1651,7 cm^{-1} devido a >C=O vibrações de estiramento, 1408,0-1409,9 cm^{-1} devido a vibrações de estiramento C-N,
1118.5 - 1122,0 cm^{-1} devido a vibrações de flexão N-H e 1021,9 - 1029,7 cm^{-1} devido a vibrações de estiramento N-O.

3.1.1.1.3 Estudos espectrais FTIR de polímeros quelatos Mn(II) de ácidos ploy (hidroxâmicos)

Espectros FTIR **(Fig. 3.9 a 3.11)** de todos os polímeros quelatos Mn(II) de ácidos poli (hidroxâmicos) exibidas bandas na região 3464.1-3447.7 cm^{-1} devido a -OH estiramento de moléculas de água coordenadas, 3151.5-3161.1 cm^{-1} devido a vibrações de estiramento N-H. Os polímeros quelatos Mn(II) de PAHA e PMAHA expuseram abands de absorção na região 2971,7-2965,7 cm^{-1} devido a vibrações de estiramento C-H de CH alifático e o polímero quelato Mn(II) de PCAHA expuseram bandas próximas de 3034.4 cm^{-1} devido a vibrações de estiramento C-H do anel aromático Todos os polímeros quelatados Mn(II) de ácidos poli (hidroxâmicos) exibiram bandas na região 1590,9-1623,2 cm^{-1} devido a >C=O vibração de estiramento, 1413,2 - 1438,9 cm^{-1} devido a vibrações de estiramento C-N, 1121.1- 1157,1 cm^{-1} devido a vibrações de flexão N-H, 1021,2 - 1057,2 cm^{-1} devido a vibrações de alongamento N-O, 866,3 - 896,3 cm^{-1} devido a moléculas de água coordenadas e todos os polímeros quelatos Mn(II) de ácidos poli (hidroxâmicos) exibiram uma nova banda de absorção na região 557,6 - 588,5 cm^{-1} devido à ligação M-O.

3.1.1.1.4 Estudos espectrais FTIR de polímeros quelatos de Co (II) de ácidos ploy (hidroxâmicos)

Espectros FTIR **(Fig. 3.12 a 3.14)** de todos os polímeros quelatos Co(II) de ácidos poli (hidroxâmicos) exibidos bandas na região 3330.6 - 3460.0 cm^{-1} devido à vibração -OH de estiramento de moléculas de água coordenadas, 3130.1 - 3141.1 cm^{-1} devido à vibração de estiramento N-H. Os polímeros de quelato Co(II) de PAHA e PMAHA exibiram abandonas de absorção na região 2963,1- 2978,7 cm^{-1} devido a vibrações de estiramento C-H devido ao movimento de hidrocarboneto alifático e o polímero de quelato Co(II) de PCAHA exibiu bandas próximas de 3024,2 cm^{-1} devido a vibrações de estiramento C-H do anel aromático. Todos os polímeros quelatos Co(II) exibiram bandas na região 1571,0 - 1638,3 cm^{-1} devido a >C=O vibrações de estiramento, 1408,9-1440,0 cm^{-1} devido a vibrações de estiramento C-N, 1144,3 - 1155.6 cm^{-1} devido a vibrações de flexão N-H, 1096,6-1098,7 cm^{-1} devido a vibrações de estiramento N-O], 841,4-856,6 cm^{-1} devido a moléculas de água coordenadas e todos os polímeros quelatos exibiram uma nova banda de absorção na região 559,1 - 575,4 cm^{-1} devido à ligação M-O.

3.1.1.1.5 Estudos espectrais FTIR de polímeros quelatados de Ni(II) de ácidos ploy (hidroxâmicos)

Espectros FTIR **(Fig. 3.15 a 3.17)** de todos os polímeros de quelato de Ni(II) de ácidos poli (hidroxâmicos) exibidas bandas na região 3377.2-3444.2 cm^{-1} devido a vibrações de alongamento OH devido a moléculas de água coordenadas, 3141.1-3169.5 cm^{-1} devido a vibrações de alongamento N-H. Os polímeros quelatos Ni(II) de PAHA

e PMAHA exibiram uma banda de absorção na região 2961,8-2963,8 cm^{-1} devido a vibrações de alongamento C-H de hidrocobon alifático e polímeros quelatos Co(II) de PCAHA exibiram uma banda na faixa 3035,2 cm^{-1} devido a vibrações de alongamento C-H devido a anel aromático. Todos os polímeros de quelato Ni(II) exibiram bandas na região 1584,7-1638,3 cm^{-1} devido a >C=O vibração de estiramento, 1410,3-1414,5 cm^{-1} devido a vibrações de estiramento C-N,
1106.2- 1162,5 cm^{-1} devido a vibrações de flexão N-H 1040,3 - 1069,6 cm^{-1} devido a vibrações de alongamento N-O, 824,8 - 884,7 cm^{-1} devido a moléculas de água coordenadas e todos os polímeros de quelato Ni(II) exibiram novas bandas de absorção na região 570,5 - 583,5 cm^{-1} devido à ligação M-O.

3.1.1.1.6 Estudos espectrais FTIR de quelatos poliméricos Cu(II) de ácidos ploy (hidroxâmicos)

Espectros FTIR **(Fig. 3.18 a 3.20)** de todos os polímeros quelatos Cu(II) exibiram bandas na região 3434.2-3445.5 cm^{-1} devido a -OH estiramento de moléculas de água coordenadas, 3140.0-3147.1 cm^{-1} devido a vibrações de estiramento N-H. Os polímeros de quelato Cu(II) de PAHA e PMAHA exibiram abandonas de absorção na região
2962.7 - 2963,7 cm^{-1} devido à vibração de estiramento C-H do movimento de hidrocarbonetos alifáticos e polímeros quelatados Co(II) de PCAHA exibiu faixa a 3044,1 cm^{-1} devido à vibração de estiramento C-H do anel aromático. Todos os polímeros quelatos Cu(II) exibiram bandas na região 1610.0 - 1660.4 cm^{-1} devido a vibrações de >C=O alongamento, 1383.7 - 1407.3 cm^{-1} devido a vibrações de C-N alongamento, 1163.7 - 1166.7 cm^{-1} devido a vibrações de N-H flexão, 1056.0 - 1077.3 cm^{-1} devido a vibrações de N-O alongamento, 846.3 - 849.3 cm^{-1} devido a moléculas de água coordenadas. Todos os polímeros quelatos Cu(II) exibiram bandas de absorção na região 514,9 - 555,5 cm^{-1} devido à ligação M-O.

Quadro 3.1: Dados espectrais de infravermelhos (em cm^{-1}) de ácidos hidroxâmicos

S.No.	AHA	MAHA	CAHA	Probable Assignments
1.	3439.9 (m.b)	3447.2 (b)	3445.6 (b)	—OH stretching vibrations (Lowering due to intramolecular hydrogen bonding)
2.	3129.5 (m.b)	3244.0 (m.b)	3156.0 (m.b)	—NH stretching vibrations.
3.	2955.9 (s)	2965.0 (s)	3033.9 (m.s)	C—H stretching vibrations due to aliphatic in nature
4.	1630.5 (m.s)	1652.1 (m.s)	1632.1 (m.s)	>C=O stretching vibrations (Lowering due to hydrogen bonding with OH)
5.	1408.0 (m.s)	1407.4 (m.s)	1409.9 (m.s)	C—N stretching vibrations
6.	1104.3 (m.b)	1103.8 (m.b)	1120.5 (m.s)	N—H bending vibrations
7.	1044.7 (m.b)	1029.9 (m.s)	1040.3 (m.s)	N—O stretching vibrations

Abreviatura: b = Broad m. b=Medium broad s =Sharp m.s.=Medium sharp

Quadro 3.2: Dados espectrais de infravermelhos (em cm^{-1}) de ácido poli (hidroxâmico)

S.No.	PAHA	PMAHA	PCAHA	Probable Assignments
1.	3451.7 (m.s)	3451.9 (b)	3428.9 (b)	—OH stretching vibrations (Lowering due to intramolecular hydrogen bonding)
2.	3150.0 (m.s)	3221.0 (m.b)	3135.3 (m.b)	—NH stretching vibrations.
3.	2933.2 (s)	2935.0 (s)	3029.7 (s)	C—H stretching vibrations due to aliphatic in nature
4.	1651.7 (m.s)	1648.5 (m.b)	1635.3 (m.b)	>C=O stretching vibrations (Lowering due to hydrogen bonding with OH)
5.	1408.0 (m.s)	1409.4 (m.s)	1409.9 (m.s)	C—N stretching vibrations
6.	1122.0 (b)	1119.4 (m.b)	1118.5 (m.b)	N—H bending vibrations
7.	1024.8 (m.b)	1021.9 (m.s)	1029.7 (m.b)	N—O stretching vibrations

Abreviatura: b = Largo, m.b = Médio largo, s = Afiado, m.s. = Médio afiado

Quadro 3.3: Dados espectrais de infravermelhos (em cm^{-1}) de polímeros quelatados Mn(II) de ácidos poliméricos (hidroxâmicos)

S. No.	Mn(II) chelate polymer of PAHA	Mn(II) chelate polymer of PMAHA	Mn(II) chelate polymer of PCAHA)	Probable Assignments
1.	3464.1 (m.b)	3474.7 (m.b)	3465.7 (m.b)	Co-ordinated H_2O
2.	3161.1 (m.b)	3151.5 (m.b)	3161.2 (m.b)	N—H stretching vibrations
3.	2971.7 (m.s)	2965.7 (m.s)	3034.4 (m.b)	C—H stretching vibrations due to aliphatic in nature
4.	1618.6 (m.s)	1623.2 (m.s)	1590.9 (m.s)	>C=O stretching vibration (Lowering due to co-ordination)
5.	1436.0 (s)	1413.2 (m.s)	1438.9 (m.s)	C—N stretching vibrations
6.	1121.1 (b)	1157.1 (m.b)	1132.1 (b)	N—H bending vibrations.
7.	1057.2 (m.s)	1021.2 (m.s)	1023.9 (m.s)	N—O stretching vibrations
8.	896.3 (m.s)	866.3 (m.s)	888.2 (m.s)	Co-ordinated H_2O
9.	557.6 (m.s)	571.5 (m.s)	588.5 (m.s)	M—O bond

Abreviatura: b = Largo m.b = Médio largo, s = Afiado m.s. = Médio afiado

Quadro 3.4: Dados espectrais de infravermelhos (em cm^{-1}) de polímeros quelatos de Co(II) de ácidos poli (hidroxâmicos)

S.No.	Co(II) chelate polymer of PAHA	Co(II) chelate polymer of PMAHA	Co(II) chelate polymer of PCAHA	Probable Assignments
1.	3330.6 (m.b)	3448.2 (m.s)	3460.0 (m.s)	Co-ordinated H_2O
2.	3130.1 (m.b)	3141.1 (m.s)	3131.2 (m.b)	N—H stretching vibrations
3.	2963.1 (s)	2978.7 (m.b)	3024.7 (m.b)	C—H stretching vibrations due to aliphatic in nature
4.	1604.7 (m.b)	1638.3 (m.b)	1571.0 (m.s)	>C=O stretching vibrations (Lowering due to co-ordination)
5.	1408.9 (m.s)	1440.0 (m.b)	1410.7 (m.s)	C—N stretching vibrations
6.	1155.6 (m.b)	1144.3 (m.b)	1152.5 (m.b)	N—H bending vibrations
7.	1096.9 (m.b)	1096.6 (m.s)	1098.7 (m.b)	N—O stretching vibrations
8.	855.6 (b)	841.4 (m.s)	876.6 (m.s)	Co-ordinated H_2O
9.	559.1 (m.b)	560.0 (m.s)	575.4 (m.s)	M—O bond

Abreviatura: b = Broadm .b=Medium broad s =Sharp, m.s. =Medium sharp

Quadro 3.5: Dados espectrais de infravermelhos (em cm^{-1}) de polímeros quelatos de Ni(II) de ácidos poli (hidroxâmicos)

S.No.	Ni(II) chelate polymer of PAHA	Ni(II) chelate polymer of PMAHA	Ni(II) chelate polymer of PCAHA	Probable Assignments
1.	3444.2 (b)	3434.2 (m.b.)	3377.2 (b)	Co-ordinated H_2O
2.	3141.1 (m.s)	3143.1 (m.s)	3169.5 (m.s)	N—H stretching vibrations.
3.	2961.8 (s)	2963.8 (m.s.)	3035.2 (m.s)	C—H stretching vibrations due to aliphatic in nature
4.	1638.0 (m.s)	1638.3 (m.s)	1584.7 (m.s)	>C=O stretching vibrations (Lowering due to co-ordination)
5.	1410.3 (m.s)	1413.9 (m.s)	1414.5 (m.s)	C—N stretching vibrations
6.	1149.3 (m.s)	1162.5 (m.b)	1106.2 (m.s)	N—H bending vibrations.
7.	1069.6 (m.b)	1040.3 (m.b)	1042.3 (m.b)	N—O stretching vibrations
8.	824.8 (m.b)	824.8 (m.s)	884.7 (b)	Co-ordinated H_2O
9.	583.5 (m.b)	570.5 (m.s)	581.5 (m.b)	M—O bond

Abreviatura: b = Larga; m.b=Larga média s =Sharp m.s.=Médio afiado

Quadro 3.6: Dados espectrais de infravermelhos (em cm^{-1}) de polímeros quelatos Cu(II) de ácidos poli-hidroxâmicos

S.No.	Cu(II) chelate polymer of PAHA	Cu(II) chelate polymer of PMAHA	Cu(II) chelate polymer of PCAHA	Probable Assignments
1.	3442.1 (m.s)	3462.1 (m.s)	3445.5 (m.b)	Co-ordinated H_2O
2.	3147.1 (m.b)	3140.0 (m.s)	3141.2 (b)	N—H stretching vibration.
3.	2962.7 (m.s)	2963.7 (m.s.)	3044.1 (m.b)	C—H stretching vibration due to aliphatic in nature
4.	1639.4 (m.b)	1660.4 (m.b)	1610.0 (m.s)	>C=O stretching vibration (Lowering due to co-ordination)
5.	1386.9 (m.s)	1383.7 (m.s)	1407.3 (m.s)	C—N stretching vibration
6.	1166.4 (m.s)	1163.7 (m.s)	1166.7 (m.s)	N—H bending vibration.
7.	1060.0 (m.s)	1077.3 (m.b)	1056.0 (m.s)	N—O stretching vibration
8.	849.3 (m.b)	847.8 (m.s)	846.3 (m.s)	Co-ordinated H_2O
9.	514.9 (m.s)	555.5 (m.s)	515.1 (m.s)	M—O bonding

Abreviatura: b = Broad m.b=Medium broad s =Sharp m.s.=Medium sharp

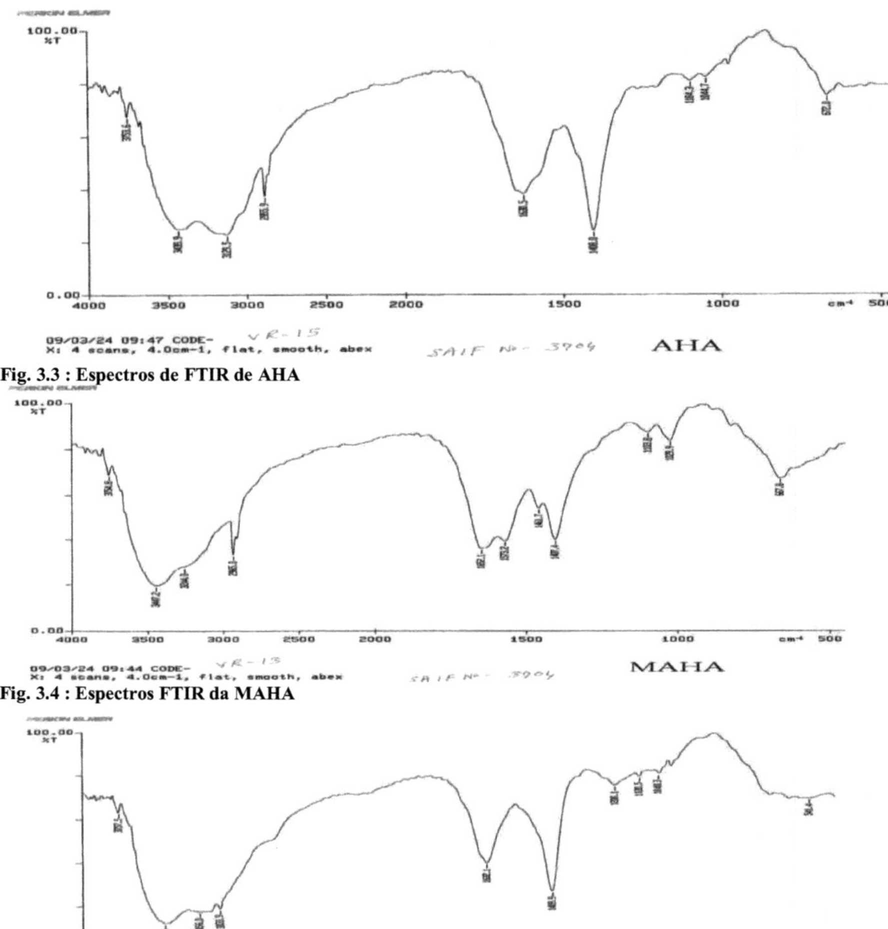

Fig. 3.3 : Espectros de FTIR de AHA

Fig. 3.4 : Espectros FTIR da MAHA

Fig. 3.5 : Espectros FTIR da CAHA

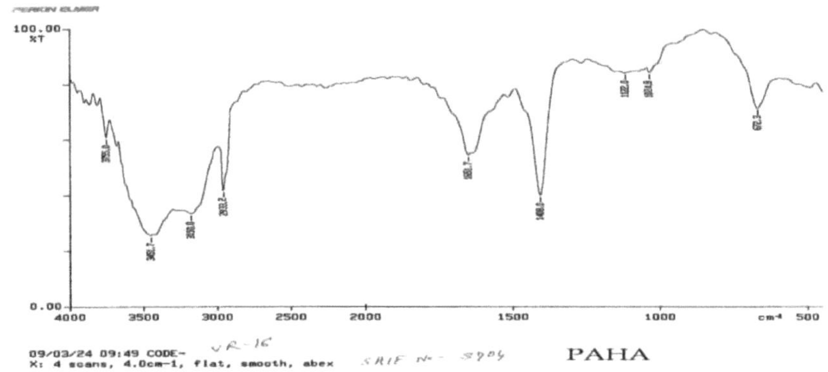

Fig. 3.6 : Espectros de FTIR de PAHA

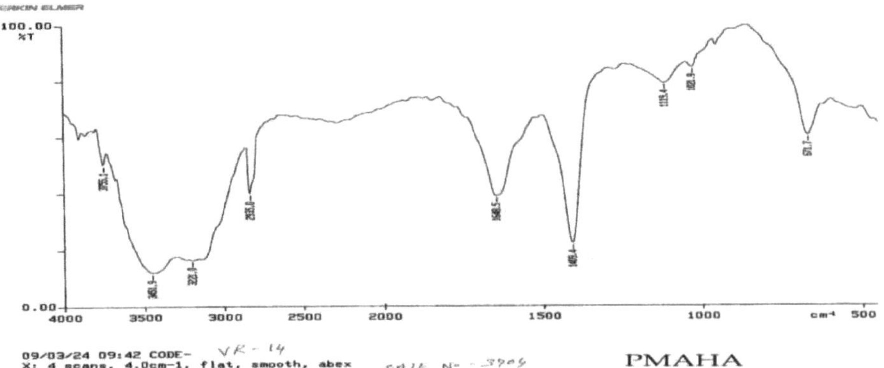

Fig. 3.7 : Espectros de FTIR de PMAHA

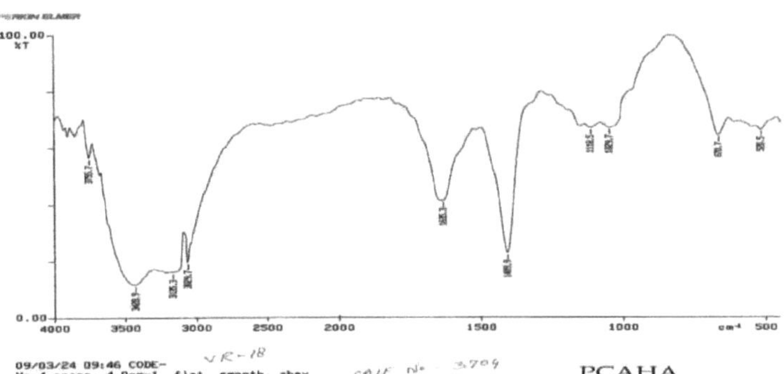

Fig. 3.8 : Espectros de FTIR de PCAHA

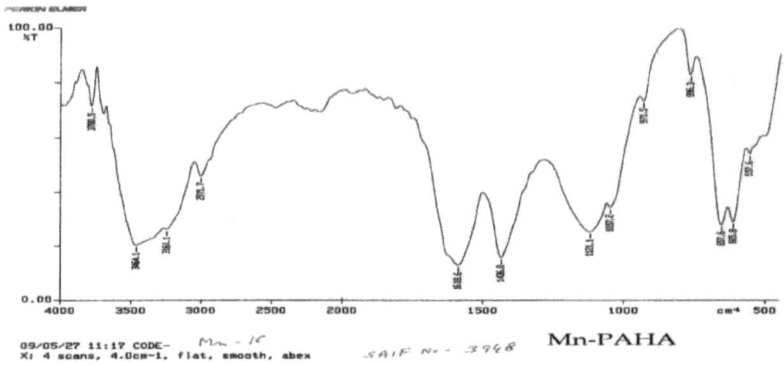

Fig. 3.9 : Espectros FTIR de Mn-PAHA

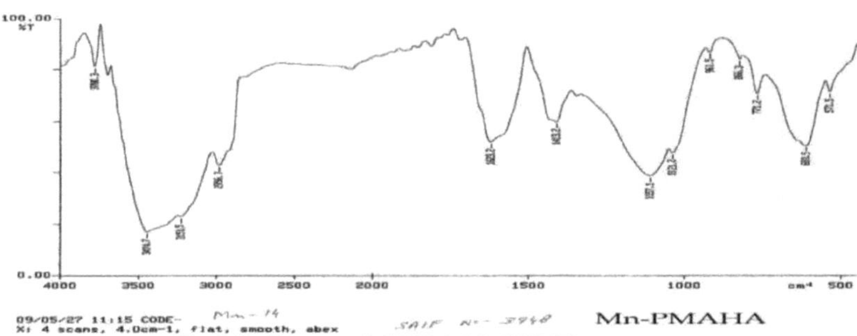

Fig. 3.10 : Espectros de FTIR de Mn-PMAHA

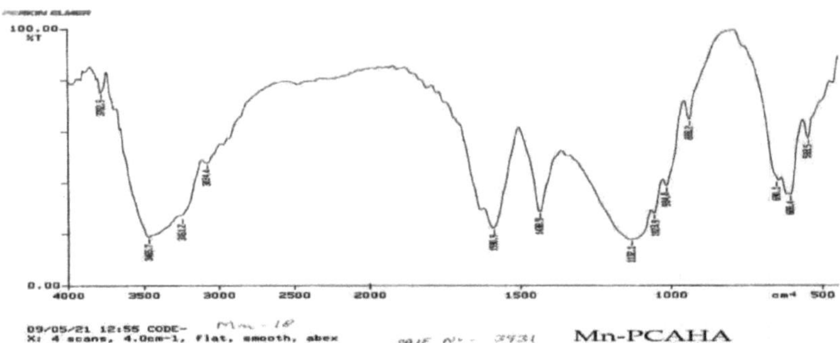

Fig. 3.11 : Espectros FTIR de Mn-PCAHA

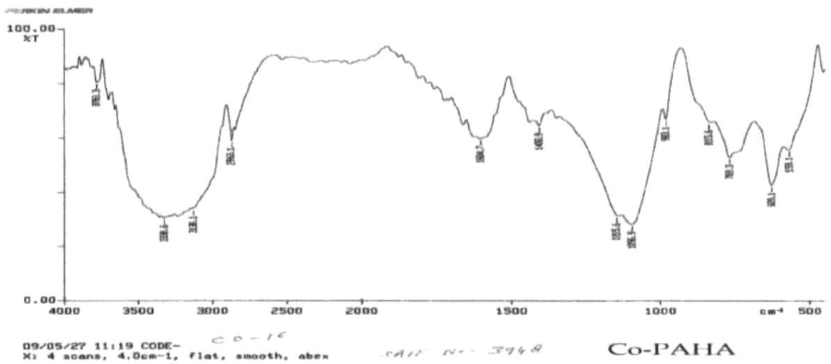

Fig. 3.12 : Espectros de FTIR de Co-PAHA

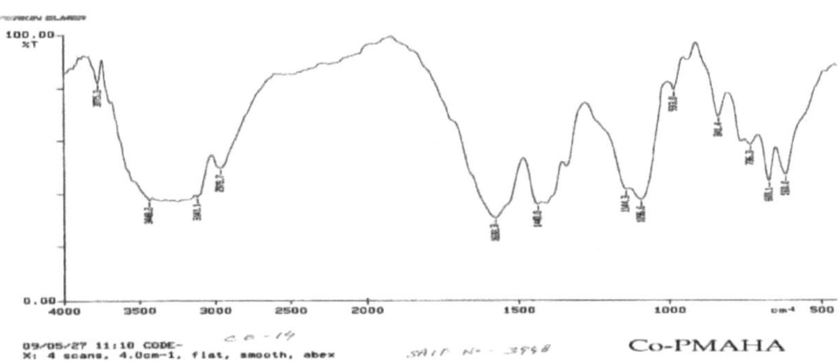

Fig. 3.13: Espectros FTIR da Co-PMAHA

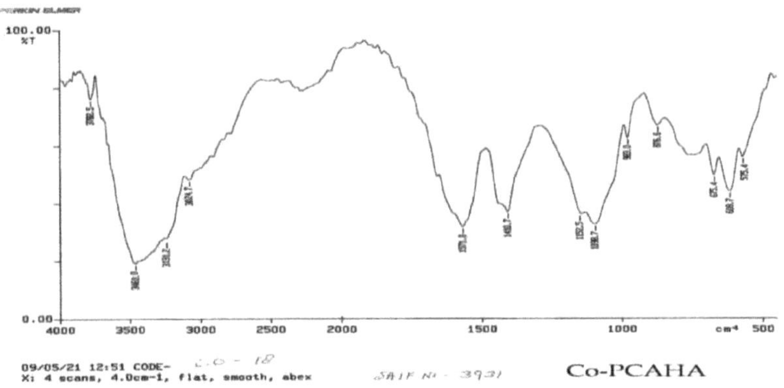

Fig. 3.14 : Espectros FTIR da Co-PCAHA

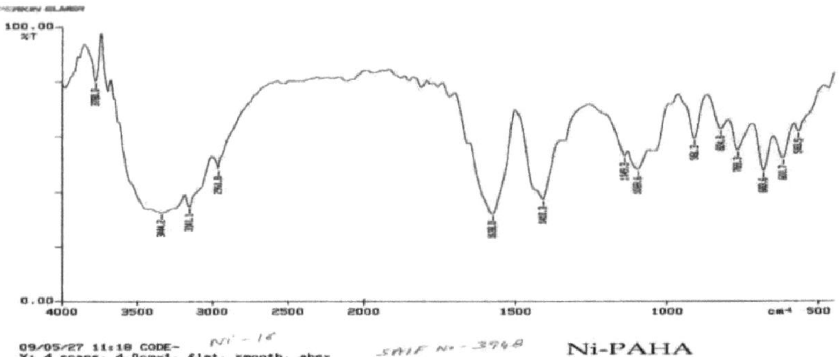

Fig. 3.15 : Espectros FTIR de Ni-PAHA

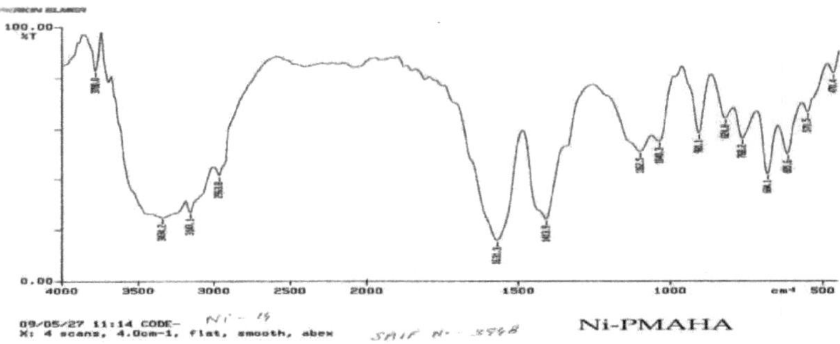

Fig. 3.16 : Espectros de FTIR de Ni-PMAHA

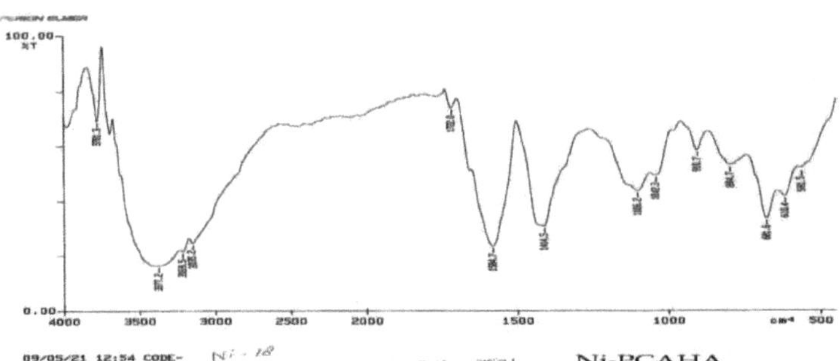

Fig. 3.17 : Espectros FTIR de Ni-PCAHA

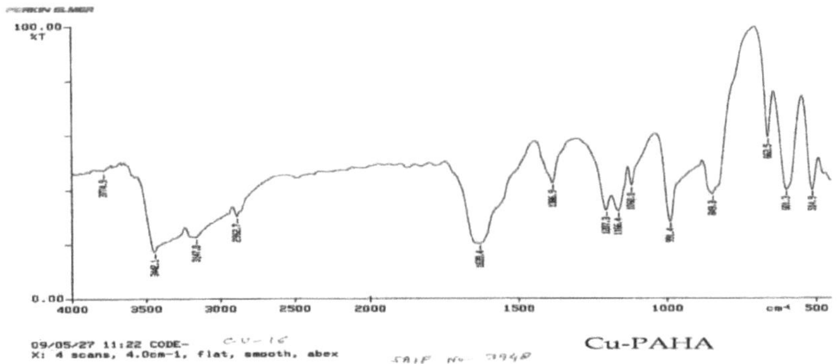

Fig. 3.18 : Espectros FTIR de Cu-PAHA

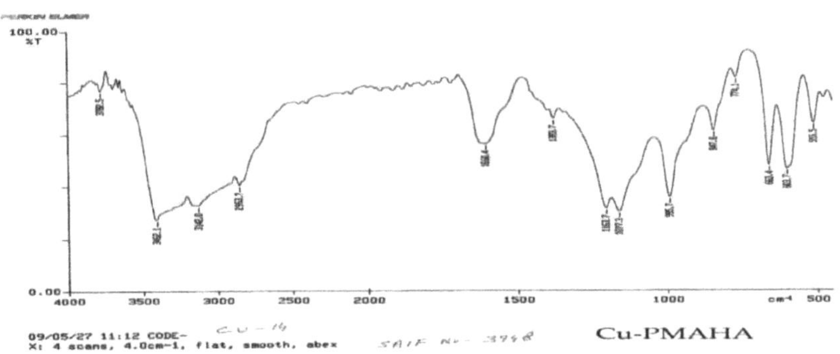

Fig. 3.19 : Espectros de FTIR de Cu-PMAHA

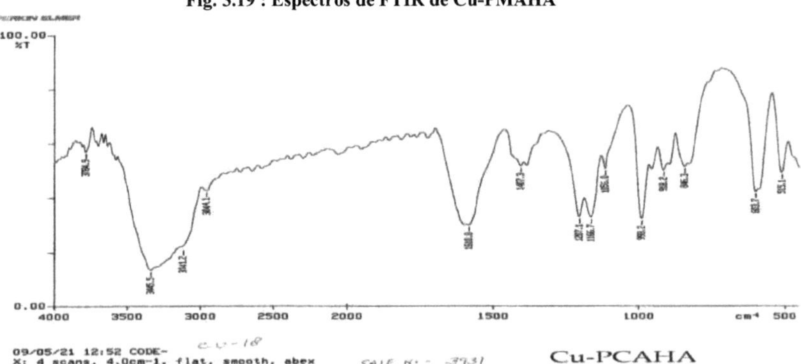

Fig. 3.20 : Espectros FTIR de Cu-PCAHA

REFERÊNCIAS

1. Herschel, W.; *Phil. Transition R. Soc., Londres,* **90,** 284 **(1800).**
2. Kaur, H.; *"Instrumental Methods of Chemical Analysis",* **6th Ed.**, Pragati Prakashan, Meerut **(2010).**
3. Namkamoto, K; *"Infrared and Raman Spectra of Inorganic and Coordination Compounds",* Wiley Inter Science, New York **(1997).**
4. Silverstein, R.M.; e Webster, F.X.; *"Spectrometric Identification of Organic Compounds",* John Wiley and Sons, New York **(1996**).
5. Tourintio, F.A.; Depeyrot, J; G.J.D. Silva, G.J.D. e Lara, M.C.L.; *J. Phys.,* **28,** 413 **(1998).**
6. Sharma, Y.R.; *"Elementary Organic Spectroscopy Principles and Chemical Applications",* S. Chand & Company. Ltd., Nova Deli **(2008).**
7. Kemp, W.; *"Organic Spectroscopy,"* **3rd Ed.**, Palgrave, New York **(1990).**
8. Stuart, B.; *Espectroscopia de infravermelhos: Fundamentals and Applications,* John Wiley & Sons, Ltd, UK **(2004).**
9. Atkins, P.; *"The Element of Physical Chemistry with Applications in Biology",* **3rd Ed.**, Freeman and Company, USA **(2001).**
10. Bahttacharya, M.N. e Dutta, R.N.; *Inorganic Chemistry,* **24,** 477 **(1985).**
11. Purcell, J.M. e Connely, J.A.; *Anal. Chem.,* **37,** 1181 **(1965).**
12. Bloch, F. e Packared, M.; *Phys. Rev.,* **70,** 679 **(1946).**

3.2 ESTUDOS ESPECTRAIS DE RESSONÂNCIA MAGNÉTICA NUCLEAR (NMR)

O fenómeno da ressonância magnética nuclear foi descrito pela primeira vez por Isidor Rabi [1] em 1938. Em 1944, Rabi foi galardoado com o Prémio Nobel por esta obra. Em 1946, Felix Bloch [2-3] e Edward Mills Purcell [4-5] expandiram a técnica para utilização em líquidos e sólidos, para os quais partilharam o Prémio Nobel em 1952.

A espectroscopia NMR é um ramo da espectroscopia de absorção em que as ondas de radiofrequência induzem transições entre os níveis de energia magnética dos núcleos da molécula [610]. Esta espectroscopia mede a absorção da radiação electromagnética na região de radiofrequência [11] (4 MHz a 750 MHz). A espectroscopia NMR depende do facto de a maioria dos isótopos do elemento possuir propriedades giromagnéticas [12], o que significa que se comportam como um minúsculo íman de barra giratória. Quando uma amostra contendo núcleos exibe este gyromegnatismo imutável é colocada num campo magnético apropriado e é simultaneamente irradiada por uma radiação de radiofrequência rotativa mais fraca, os núcleos podem ser compelidos a

Revelar a sua presença b. Identificar-se

Descrever a natureza do seu ambiente

A espectroscopia NMR tornou-se uma técnica analítica sofisticada e poderosa que encontrou uma variedade de aplicações em muitas disciplinas da investigação científica e no diagnóstico médico. As aplicações mais extensas [13-14] da espectroscopia NMR são determinações de estruturas de ligandos e receptores, dinâmica molecular, cinética química, estado de ionização, rastreio de drogas, análise química, análise conformacional e para determinar as estruturas residuais de proteínas desdobradas e estruturas de intermediários dobráveis.

Núcleos de alguns átomos [15] têm rotação resultante e aparentemente comportam-se como corpos giratórios. Assim, têm como resultado um impulso angular que é dado por...

$$P = \sqrt{I(I+1)}\, h/2\pi$$

Onde, P= momento angular

I= spin quantum no. de núcleos

Uma vez que os núcleos são corpos carregados, é produzido um dipolo magnético devido à circulação de carga ao longo do eixo nuclear e estes possuirão um momento magnético. O momento magnético nuclear de um núcleo pode alinhar-se com um campo magnético de força H_o aplicado externamente em apenas 2I+1 vias, quer reforçando ou opondo H_o. A orientação energeticamente preferida tem o momento magnético alinhado paralelamente com o campo aplicado (spin +1/2), enquanto que a orientação de energia superior anti-paralela tem spin -1/2. O eixo rotacional do núcleo giratório não pode ser orientado exactamente paralelo (ou anti-paralelo) com a direcção do campo aplicado H_o, mas deve ser precessado sobre este campo num ângulo com uma velocidade angular dada pela expressão - $\omega = \gamma\ Ho$

Onde, ω = Velocidade angular précessional

H_o = Campo magnético aplicado em gauss

A constante γ é chamada de razão giromagnética e relaciona o momento magnético e o número quântico do spin para qualquer núcleo específico, o que é demonstrado pela seguinte relação

$$\gamma = 2\pi\mu\ /\ hI$$

Aqui μ = momento magnético do íman da barra giratória

I = Número quântico da rotação

h = Constante de placa

De acordo com a equação fundamental da RNM

$$\gamma\ Ho = 2\ \pi\upsilon$$

Onde υ é a frequência da radiação electromagnética que é conhecida como frequência pré-ccessional.

Daí $\omega = 2\pi\upsilon$

A frequência de precessão do núcleo é igual à frequência da radiação electromagnética que é necessária para induzir a transição de um estado energético para outro. A transição de um estado de energia para outro chama-se inverter o próton. A energia necessária para inverter o protão depende da força do campo magnético externo. Quanto mais forte for o campo, maior será a tendência de um íman nuclear para permanecer alinhado com ele e maior será a frequência da radiação necessária para inverter o protão para o estado de energia superior.

A caracterização de compostos orgânicos e inorgânicos por espectroscopia NMR é feita com base nos quatro tipos de informação seguintes:

Número de sinais: Os prótons dentro de um ambiente magnético composto experimentam diferentes ambientes magnéticos, que deram diferentes sinais no espectro NMR em diferentes locais. O número de sinais dá informações sobre os diferentes tipos de protões nos compostos.

Posição dos sinais (Mudança química): As posições dos sinais indicam-nos o ambiente dos diferentes tipos de prótons presentes numa molécula. É definida como a diferença na frequência de ressonância de um determinado protão em comparação com a do metil protão de tetrametil silano (TMS).

Intensidade relativa dos sinais: A intensidade do sinal indica o número de prótons de cada tipo e é proporcional ao número de prótons responsáveis pela absorção.

Dividir os sinais: A divisão dos sinais fala-nos do ambiente do próton em relação a outro próton.

Um estudo da literatura revela que o espectro H1-NMR dos compostos exibiu um múltiplo na gama de δ 6,52 - 8,0ppm devido aos prótons aromáticos do anel [16-17]. No caso de compostos aromáticos heterocíclicos esta gama varia de δ 7,0 a 8,3 ppm. Um singlet na gama de δ 8,31 a δ 8,71 ppm aparece devido aos prótons -NH [18] e o singlet é exibido na região δ 10,20 - 11,30 11,30 ppm devido ao próton N-OH [19].

3.2.1 Exprimental

Os ácidos hidroxâmicos sintetizados e os ácidos poli (hidroxâmicos) foram caracterizados por estudos H^1 -NMR para elucidar a estrutura provável do composto. Os espectros H^1 -NMR dos ácidos hidroxâmicos foram registados em solvente D2O no espectrómetro NMR **Bruker DRX - 300 (300 MHz) FT - NMR** com instalação a baixa e alta temperatura - 90°C a +80°C no **SAIF, CDRI**, Lucknow.

3.2.1.1 Resultados e Discussão

3.2.1.2 ^{1}H -NMR estudos espectrais de ácidos hidroxâmicos

Espectros de NMR **(Fig. 3.21 a 3.23)** de todos os ácidos hidroxâmicos expostos singlet na região δ 11.10 a δ 11.53 ppm respectivamente que podem ser atribuídos devido ao protão do grupo N-OH. Todos os ácidos hidroxâmicos exibem um singlet na região δ 7,84 - δ 7,92 ppm devido ao grupo -CONH. AHA e MAHA exibem um doublet na região de δ 7,40 ppm a δ7,55 ppm, δ 6,81 ppm a δ 6,85 ppm devido aos prótons Ha e Hb do grupo -CH2. CAHA apresenta múltiplos na gama de δ7,44 ppm a δ7,61ppm devido ao protão do anel aromático. AHA exibe um singlet em δ 6,21 ppm que podem ser atribuídos ao protão -CH, MAHA exibe um singlet em δ 2,33 ppm devido ao grupo metilo e CAHA exibe um triplete na gama de δ2,57 a ppm - δ 2,61 ppm devido ao protão $-CH_2$. Os dados espectrais NMR são apresentados no **Quadro 3.7.**

3.2.1.3 ^{1}H -NMR estudos espectrais de ácidos poliméricos (hidroxâmicos)

Espectros de NMR **(Fig. 3.24 a 3.26)** de todos os ácidos poliméricos (hidroxâmicos) exibidos individualmente na região δ 10.897 a δ 11.191 ppm respectivamente, que podem ser atribuídos devido ao protão do grupo N-OH. Todos os ácidos poli (hidroxâmicos) exibem um singlet na região δ 7,723 - δ 7,886 ppm devido ao grupo -CONH. PAHA e PMAHA exibem um doublet na região de δ 7,323 ppm a δ 7,346 ppm, δ 6,649 ppm a δ 6,85 ppm devido a protões Ha e Hb do grupo -CH2. A CAHA mostra o duplo duplo na região δ7.230 ppm- δ7.615 ppm devido ao protão do anel aromático. PAHA exibe um singlet em δ 6,216 ppm que podem ser atribuídos ao protão -CH, PMAHA exibe um singlet em δ 2,306 ppm devido ao grupo metilo, PCAHA exibe um triplete na gama de δ 2,571 ppm - δ 2,563 ppm devido ao protão $-CH_2$ e PCAHA exibe um singlet em δ 1,248 ppm devido ao grupo iso butyro. Os dados espectrais de NMR dos ácidos poli- (hidroxâmicos) sintetizados são apresentados no **quadro 3.8**.

Quadro 3.7: Dados espectrais de 1H-NMR (em δ ppm) de ácidos hidroxâmicos sintetizados

S. No.	Compounds	δ (ppm)	Probable Assignment
1.	AHA	6.21 (s.1H) 6.81 – 6.85 (d. 2H) 7.40 - 7.45 (d.2H) 7.84 (s.1H) 11.53 (s.1H)	due to —CH proton due to H_b proton of —CH_2 group due to H_a proton of —CH_2 group due to —CONH proton due to N—OH proton
2.	MAHA	11.13 (s.1H) 7.85 (s. 1H) 7.55 – 7.50 (d. 2H) 6.65 – 6.61 (d. 2H) 2.33 (s. 3H)	Due to N — OH proton Due to CO—NH proton Due to H_a proton of —CH_2 group Due to H_b proton of —CH_2 group Due to —CH_3 group
3	CAHA	11.10 (s.1H) 7.92 (s.1H) 7.44 – 7.61 (m.5H) 6.62 (s.1H) 4.31 – 4.27 (s. 3H) 2.61 – 2.57 (s. 3H)	due to N—OH proton due to CO—NH proton due to aromatic ring protons due to —CH proton due to —CH_2 proton due to —CH_2 proton

Abreviatura : s=singlet, d= doublet, m=multiplet

Quadro 3.8: Dados espectrais de 1H-NMR (em δ ppm) de ácidos poliméricos sintetizados (hidroxâmicos)

S. No.	Compounds	δ (ppm)	Probable Assignment
1.	PAHA	1.306 (s. 6H) 6.216 (s.1H) 6.649 – 6.634 (d. 2H) 7.327 – 7.334 (d. 2H) 7.784 (s.1H) 11.191 (s.1H)	due to isobutyro group protons due to —CH proton due to H_b proton of —CH_2 group due to H_a proton of —CH_2 group due to —CONH proton due to N—OH proton
2.	PMAHA	10.897 (s. 1H) 7.723 (s. 1H) 7.346 – 7.323 (d. 2H) 6.343 – 6.326 (d. 2H) 2.306 (s. 3H) 1.399 (s. 6H)	Due to N—OH proton Due to CO—NH proton Due to H_a proton of —CH_2 group Due to H_b proton of —CH_2 group Due to —CH_3 group Due to isobutyro groups
3	PCAHA	11.078 (s.1H) 7.886 (s.1H) 7.230 to 7.615 (m.5H) 6.515 (s.1H) 4.178 – 4.060 (s. 3H) 2.571 – 2.563 (s. 3H) 1.248 (s. 6H)	due to N—OH proton due to CO—NH proton due to aromatic ring protons due to —CH proton due to —CH_2 proton due to —CH_2 proton due to isobutyro group

Abreviatura : s=Singlet, d=doublet, m= multiplet

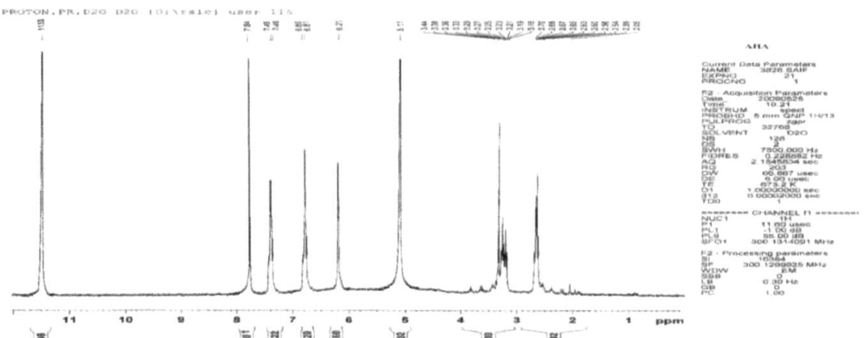

Fig. 3.21: Espectro 1H-NMR da AHA

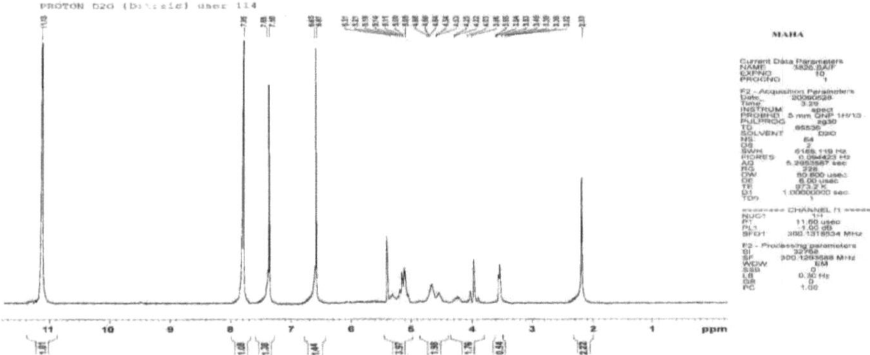

Fig. 3.22: Espectro 1H-NMR da MAHA

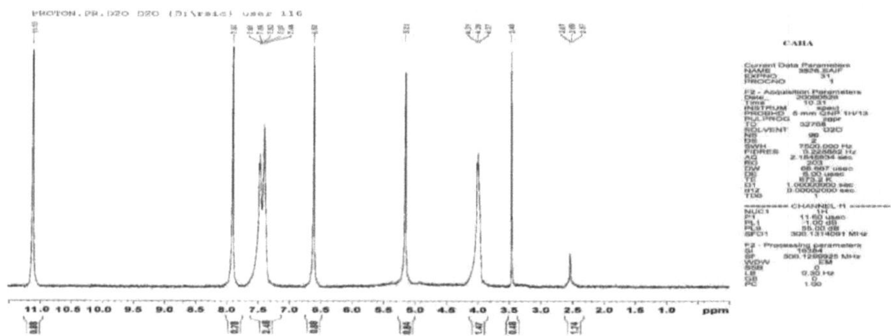

Fig. 3.23: Espectro 1H-NMR da CAHA

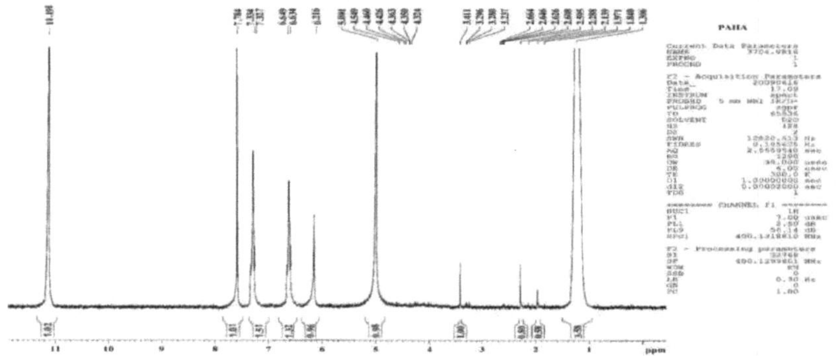

Fig. 3.24: Espectro 1H-NMR da PAHA

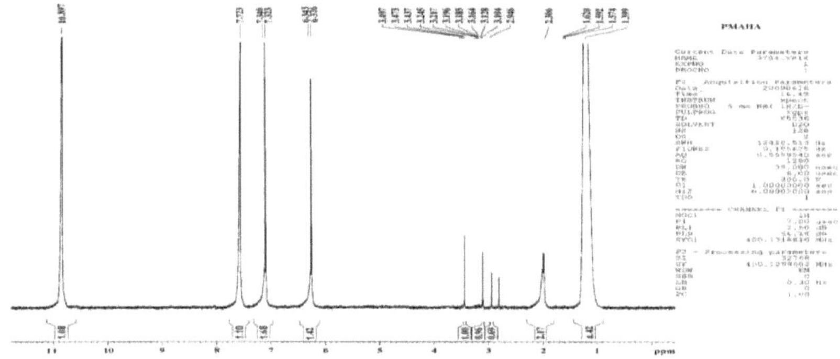

Fig. 3.25: Espectro 1H-NMR da PMAHA

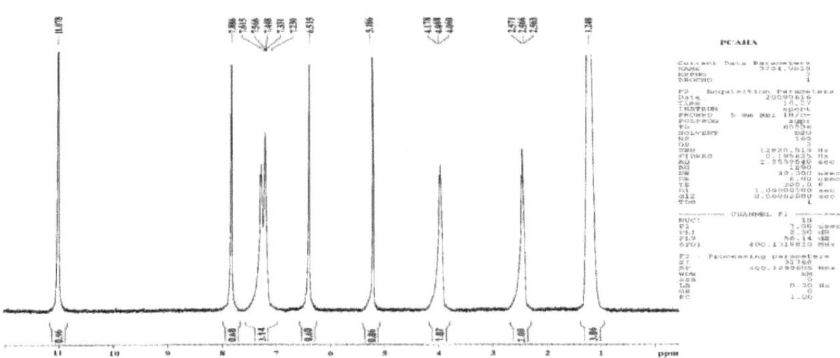

Fig. 3.26: Espectro 1H-NMR da PCAHA

REFERÊNCIAS

1. Rabi, I.I., Zacharias, J. R., Millman, S. e Kusch, P.; *Phys. Rev.,* **53**, 318 **(1938)**.
2. Bloch, F.; *Phys. Rev.,* **70**, 460 **(1946)**.
3. Purcell, J.M. e Connelly, J.A.; *Anal. Chem,* **37**, 1181 **(1965)**.
4. Purcell, J.M.; *Appl. Spectro,* **19**, 105 **(1965)**.
5. Bovey, F.A.; *""Nuclear Magnetic Resonance Spectroscopy"",* IInd Ed., Academic Press, New York **(1988)**.
6. Abragam, A.; *""The Principles of Nuclear Magnetism"",* IIIrd Ed., Clarendon Press, Oxford, Inglaterra **(1983)**.
7. Jackman, L.M.; *""Applications of Nuclear Magnetic Resonance Spectroscopy in Organic Chemistry"",* IInd Ed., Preganon Press, Londres (1969).
8. Bíblia, R.H..; *"Interpretation of NMR Spectra",* An Empirical Approach, Plenum Press, Nova Iorque **(1965)**.
9. Andrews, E.R.; *""Nuclear Magnetic Resonance"",* Cambridge University Press, New York **(1955)**.
10. Herschel, W.; *Phil. Transition R. Soc., Londres,* **90**, 284 **(1800)**.
11. Kaur, H.; *"Instrumental Methods of Chemical Analysis",* **6th Ed.**, Pragati Prakashan, Meerut **(2010)**.
12. Namkamoto, K, *"Infrared and Raman Spectra of Inorganic and Coordination Compounds",* Wiley Inter Science, New York **(1997)**.
13. Silverstein, R.M.; e Webster, F.X.; *"Spectrometric Identification of Organic Compounds",* John Wiley and Sons, New York **(1996)**.
14. Tourintio, F.A.; Depeyrot, J, G.J.D. Silva, G.J.D. e Lara, M.C.L.;*J. Phys.,* **28**, 413 **(1998)**.
15. Sharma, Y.R.; *"Elementary Organic Spectroscopy Principles and Chemical Applications",* S. Chand & Company. Ltd., Nova Deli **(2008)**.
16. Stuart, B.; *Espectroscopia de infravermelhos: Fundamentals and Applications,* John Wiley & Sons, Ltd, UK **(2004)**.
17. Atkins, P.; *"The Element of Physical Chemistry with Applications in Biology",* **3rd Ed.**, Freeman and Company, USA **(2001)**.
18. Bahttacharya, M.N. e Dutta, R.N.; *Inorganic Chemistry,* **24**, 477 **(1985)**.
19. Purcell, J.M. e Connely, J.A.; *Anal. Chem.,* **37**, 1181 **(1965)**.

3.3 ESTUDOS ESPECTRAIS ELECTRÓNICOS

A espectroscopia electrónica (UV-Visible) iniciada por **Cary e Beckman** na década de 1940 revolucionou o campo da espectroscopia molecular. É uma ferramenta simples mas poderosa para elucidar a estrutura e geometria dos complexos. É também utilizada para a análise qualitativa e quantitativa, determinação do peso molecular, para detectar a extensão da conjugação, e como detector em HPLC. Além dos usos acima referidos, é também aplicável em várias áreas da química inorgânica como na detecção de cromóforos inorgânicos que ocorrem nas metaloproteínas [1], cinética de reacções, ligações metal-metal [2], ambiente biológico [3], sistema de agrupamento [4] e determinação da constante de dissociação dos ácidos. Esta espectroscopia desempenha um papel fundamental no campo da química de coordenação.

A espectroscopia electrónica é um ramo da espectroscopia de absorção em que a absorção da radiação U.V-Visível induz transições entre os níveis de energia electrónica da molécula. Geralmente, as excitações electrónicas ocorrem na gama de 200 a 780 nm. A região ultra-violeta é dividida em duas regiões [5].

1. Próximo da região ultra-violeta

A região que se estende de 200 a 380 nm é chamada de região ultravioleta próxima ou Quartz ultravioleta.

2. Região ultra-violeta distante

A região de 10 a 200 nm é conhecida como região ultra-violeta distante ou de vácuo.

A região ultra-violeta distante não é muito estudada devido à absorção de oxigénio e azoto. Assim, para a caracterização de compostos orgânicos e inorgânicos, geralmente químico analítico utilizado perto da região ultravioleta.

Os espectros ultravioleta e visível dos compostos estão associados a transições entre os níveis de energia electrónica, por este motivo o título alternativo **espectroscopia electrónica** é frequentemente preferido. Implica a promoção de electrões *(σ, π e* **n***)* do estado de terra para o estado de energia superior. Uma vez que cada nível electrónico está associado ao número de níveis de energia vibracionais e rotacionais, a transição de um nível electrónico para outro nível electrónico é sempre acompanhada por transições rotacionais e vibracionais. Como resultado, os espectros resultantes mostram uma ampla banda de absorção.

A espectroscopia electrónica é útil para o estudo dos complexos metálicos de transição, uma vez que a energia necessária para uma transição electrónica é absorvida a partir desta região. As bandas em complexos metálicos de transição surgem devido à transição d-d. A diferença de energia entre estes dois estados d é tão pequena que a absorção da luz visível é suficiente para provocar a excitação de um electrão de um nível d inferior para um nível d superior. Esta é a causa da cor dos complexos metálicos de transição [6]. Durante o processo de absorção, uma molécula fica excitada e ocorre o seguinte fenómeno:

Transição de um electrão de um nível de energia mais baixo para um nível de energia mais alto.

Alteração das vibrações intermoleculares da molécula.

Mudança no momento de inércia da molécula em torno do seu centro de gravidade.

Quando a radiação UV ou visível absorvem, são possíveis os seguintes tipos de transições electrónicas -

1. Transições envolvendo π, σ, e n electrões

As transições que envolvem π, σ, e n electrões são utilizadas no estudo de compostos orgânicos.

2. Transições envolvendo electrões de transferência de carga

Estas transições são utilizadas no estudo de complexos metálicos e dão informações adicionais sobre a interacção ligand metálica.

Todas as transições teoricamente possíveis não são observadas, apenas as transições que são permitidas pelas regras de selecção, regra de selecção orbital Laporte (as transições que envolvem uma mudança no número quântico subsidiário $\Delta l = \pm 1$ são permitidas e, portanto, têm uma elevada absorvância) e regra de selecção de spin (durante a transição entre níveis energéticos, um electrão não muda o seu spin, ou seja, $\Delta \Xi = 0$ são permitidas) são observadas. Os espectros electrónicos de um composto podem fornecer as seguintes informações.

- O fundo teórico é necessário para compreender monografias mais avançadas.
- Para ilustrar e discutir as transições espectroscópicas envolvidas.
- Para mostrar como um espectro atribuído pode ser analisado para fornecer informações sobre a ligação ligante metálica.
- Para fornecer informações e explicar os espectros observados para todos os iões metálicos de transição comuns nos vários estados de oxidação.

Nos complexos octaédricos, os seis ligandos ocupam os seis cantos do octaedro com um ião metálico (M^+) no centro. Nesta disposição, os orbitais $d_{x^2-y^2}$ e d_{z^2} situam-se ao longo do eixo, enquanto que os restantes três orbitais, d_{xy}, d_{yz} e d_{zx} estão orientados entre o eixo. Consequentemente, a energia dos orbitais $d_{x^2-y^2}$ e d_{z^2} aumenta muito mais em comparação com outros orbitais 'd' ao aproximarem-se dos ligandos. Assim, o subconjunto d é dividido em dois conjuntos degenerados; um conjunto constituído por dois orbitais de maior energia $d_{x^2-y^2}$ e d_{z^2} (menos estável) e outro conjunto de três orbitais de menor energia d_{xy}, d_{yz} e d_{zx} (mais estável). Estes são geralmente referidos como conjuntos e_g e t_{2g}, respectivamente. As transições ocorrem entre estes dois conjuntos de orbitais e dão origem a bandas de absorção [7]. Um estudo da literatura disponível sobre os estudos espectrais electrónicos revela que a magnitude da divisão dos d-orbitais do ião metálico central depende da natureza do ambiente ligand circundante.

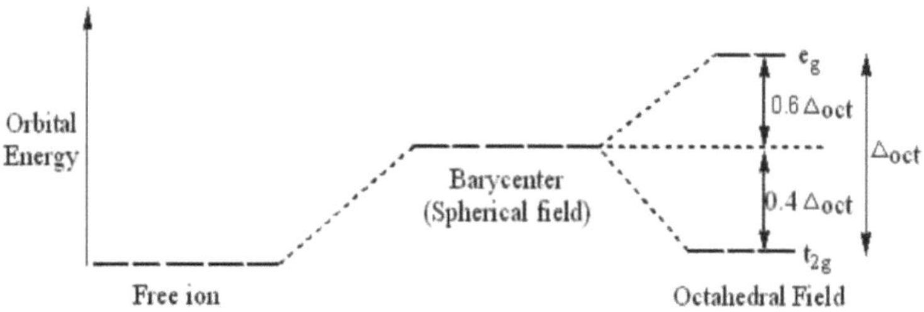

Fig. 3.27: Um diagrama esquemático de divisão de d-orbitais

As transições nas estruturas cristalinas foram relatadas por **Ferguson [8]** e **Yamada [9]** enquanto os seus espectros electrónicos em detalhes foram discutidos por **Jorgenson [10]** e **Ballhausen [11]**. **Lever [12]** discutiram os espectros electrónicos de vários iões metálicos e calcularam o seu parâmetro de campo ligando.

Um levantamento da literatura revela que em complexos octaédricos de iões bivalentes de manganês (II) em seis coordenações de número três spin permitiu a transição de $^4A_{1g} \rightarrow ^6A_{1g}$, $^4E_g(G) \rightarrow ^6A_{1g}$, e $^4E_g(D) \rightarrow ^6A_{1g}$ correspondendo à região 19000 - 15000, 22000 - 20200 e 32000 - 23000 cm^{-1} respectivamente são geralmente notados [13]. Para complexos octaédricos de ião Co(II) bivalente em seis números de coordenação, foram comunicadas três bandas na região de 12800 - 7150, 16000 - 13000 e 20.000 - 18000 cm^{-1} correspondentes à transição de $^4A_{1g} \rightarrow ^4T_{2g}$ (F), $^4T_{1g} \rightarrow ^4A_{2g}(F)$ e $^4T_{1g} \rightarrow ^4T_{1g}$ '(P) respectivamente **[14-15]**.

Os complexos octédricos de iões bivalentes de níquel (II) em seis coordenações número três de spin permitiram a transição de $^3A_{2g} \rightarrow ^2T_{2g}$, $^3A_{2g} \rightarrow ^3T_{1g}$ e $^3A_{2g} \rightarrow ^3T_{1g}$ (P) que correspondem à região 13000 - 7000, 20000 - 14500 e 27000-19800 cm^{-1} são geralmente notados e em espectros electrónicos de um verdadeiro sistema octaédrico, espera-se apenas uma banda devido à transição $^2E_g \rightarrow ^2T_{2g}$ mas as verdadeiras estruturas octaédricas não são comuns. Portanto, em vez de uma banda larga devido à transição $^2E_g \rightarrow ^2T_{2g}$, (em octaédrico distorcido) espera-se três transições do estado de terra $^2B_{1g} \rightarrow ^2A_{1g}$, $^2B_{1g} \rightarrow ^2B_{2g}$ e $^2B_{1g} \rightarrow ^2E_{1g}$ como consequência da estabilidade da configuração de John Teller **[16-17]**.

3.3.1 Exerimental

Os espectros electrónicos de todos os polímeros quelatos foram registados em solvente DMF à temperatura ambiente em **Varian Cary 5E**, espectrofotómetro **UV-NIS-NIR** no **IIT**, Madras.

3.3.1.1 Resultado e Discussão

Os espectros electrónicos dos polímeros quelatos Mn(II) **(Fig.3.28-3.30)** exibiam três bandas na região 625,00-465,12 nm, 476,19-392,16 nm e 416,67-357,14 nm, correspondentes à transição $,{}^4A_{1g}\rightarrow{}^6A_{1g},{}^4E_g(G)\rightarrow{}^6A_{1g}$ e ${}^4E_g(D)\rightarrow{}^6A_{1g}$ respectivamente. Assim, foi sugerido que todos os polímeros quelatos Mn(II) sintetizados têm uma geometria octaédrica. Os dados espectrais electrónicos dos quelatos Mn(II) sintetizados foram apresentados no **Quadro 3.9.**

Os espectros electrónicos dos polímeros quelatos Co(II) **(Fig.3.31-3.33)** exibiram três bandas na região 909.09-666.67 nm, 689.66-487.80 nm e 540.54-377.36 nm correspondentes às transições ${}^4T_{1g}\rightarrow{}^4T_{2g}$ (F), ${}^4T_{1g}\rightarrow{}^4A_{2g}$ (F) e ${}^4T_{1g}\rightarrow{}^4T_{1g}$ (P) respectivamente, o que sugere claramente uma geometria octaédrica para estes polímeros quelatos. Os dados espectrais electrónicos dos quelatos sintéticos de Co(II) foram apresentados na **Tabela 3.10.**

Nos espectros electrónicos dos polímeros quelatos Ni(II) **(Fig.3.34-3.36)** foram observadas três bandas na região 833,33-666,67 nm, 645,16-487,80 nm e 555,56-357,14 nm que correspondem às transições ${}^3A_{2g}\rightarrow{}^2T_{2g}$, ${}^3A_{2g}\rightarrow{}^3T_{1g}$ (F) e ${}^3A_{2g}\rightarrow{}^3T_{1g}$ (P) respectivamente. Estas transições indicavam geometria octaédrica para os polímeros quelatos Ni(II). Os dados espectrais electrónicos dos quelatos sintetizados de Ni(II) foram indicados na **Tabela 3.11.**

Os espectros electrónicos **(Fig.3.37-3.39)** dos polímeros quelatos Cu(II) apresentaram três bandas na região 909.09-645.16 nm, 645.16-526.32 nm e 444.44-377.36 nm, correspondentes às transições ${}^2B_{1g}\rightarrow{}^2A_{1g}$, ${}^2B_{1g}\rightarrow{}^2B_{2g}$ e ${}^2B_{1g}\rightarrow{}^2E_{1g}$ respectivamente, que estavam em bom acordo com a geometria octaédrica distorcida de todos os polímeros quelatos. Os dados espectrais electrónicos dos quelatos Cu(II) foram relatados na **Tabela 3.12.**

Quadro 3.9: Dados espectrais electrónicos (em nm) de polímeros sintetizados de Mn(II)quelato de ácidos poliméricos (hidroxâmicos)

S. No.	Compounds	Observed band in nm	Assignment
1.	Mn(II) chelate polymer of PAHA	548.70 434.78 372.30	${}^4A_{1g}\rightarrow{}^6A_{1g}$ ${}^4E_g(G)\rightarrow{}^6A_{1g}$ ${}^4E_g(D)\rightarrow{}^6A_{1g}$
2.	Mn(II) chelate polymer of PMAHA	529.80 431.97 369.69	${}^4A_{1g}\rightarrow{}^6A_{1g}$ ${}^4E_g(G)\rightarrow{}^6A_{1g}$ ${}^4E_g(D)\rightarrow{}^6A_{1g}$
3.	Mn(II) chelate polymer of PCAHA	550.21 432.49 371.06	${}^4A_{1g}\rightarrow{}^6A_{1g}$ ${}^4E_g(G)\rightarrow{}^6A_{1g}$ ${}^4E_g(D)\rightarrow{}^6A_{1g}$

Quadro 3.10: Dados espectrais electrónicos (em nm) de polímeros sintéticos de Co(II)quelato de ácidos (hidroxâmicos) poliésteres

S. No.	Compounds	Observed band in cm⁻¹	Assignment
1	Co(II) chelate polymer of PAHA	779.12 638.98 536.48	$^4T_{1g} \rightarrow {}^4T_{2g}$ (F) $^4T_{1g} \rightarrow {}^4A_{2g}$ (F) $^4T_{1g} \rightarrow {}^4T_{1g}$ (P)
2	Co(II) chelate polymer of PMAHA	792.08 630.04 530.11	$^4T_{1g} \rightarrow {}^4T_{2g}$ (F) $^4T_{1g} \rightarrow {}^4A_{2g}$ (F) $^4T_{1g} \rightarrow {}^4T_{1g}$ (P)
3	Co(II) chelate polymer of PCAHA	775.80 629.92 535.62	$^4T_{1g} \rightarrow {}^4T_{2g}$ (F) $^4T_{1g} \rightarrow {}^4A_{2g}$ (F) $^4T_{1g} \rightarrow {}^4T_{1g}$ (P)

Quadro 3.11: Dados espectrais electrónicos (em nm) de polímeros sintetizados de Ni(II)quelato de ácidos poli (hidroxâmicos)

S. No.	Compounds	Observed band in nm	Assignment
1	Ni(II) chelate polymer of PAHA	778.82 523.01 382.04	$^3A_{2g} \rightarrow {}^3T_{2g}$ $^3A_{2g} \rightarrow {}^3T_{1g}$ (F) $^3A_{2g} \rightarrow {}^3T_{1g}$ (P)
2	Ni(II) chelate polymer of PMAHA	775.80 526.32 397.61	$^3A_{2g} \rightarrow {}^3T_{2g}$ $^3A_{2g} \rightarrow {}^3T_{1g}$(F) $^3A_{2g} \rightarrow {}^3T_{1g}$ (P)
3	Ni(II) chelate polymer of PCAHA	777.36 549.45 381.39	$^3A_{2g} \rightarrow {}^3T_{2g}$ $^3A_{2g} \rightarrow {}^3T_{1g}$(F) $^3A_{2g} \rightarrow {}^3T_{1g}$ (P)

Quadro 3.12: Dados espectrais electrónicos (em nm) de polímeros quelatos Cu(II)sintetizados de ácidos (hidroxâmicos) poliméricos

S. No.	Compounds	Observed band in cm⁻¹	Assignment
1.	Cu(II) chelate polymer of PAHA	757.58 587.54 416.67	$^2B_{1g} \rightarrow {}^2A_{1g}$ $^2B_{1g} \rightarrow {}^2B_{2g}$ $^2B_{1g} \rightarrow {}^2E_{g}$
2.	Cu(II) chelate polymer of PMAHA	760.46 586.51 416.49	$^2B_{1g} \rightarrow {}^2A_{1g}$ $^2B_{1g} \rightarrow {}^2B_{2g}$ $^2B_{1g} \rightarrow {}^2E_{g}$
3.	Cu(II) chelate polymer of PCAHA	766.28 588.24 419.29	$^2B_{1g} \rightarrow {}^2A_{1g}$ $^2B_{1g} \rightarrow {}^2B_{2g}$ $^2B_{1g} \rightarrow {}^2E_{g}$

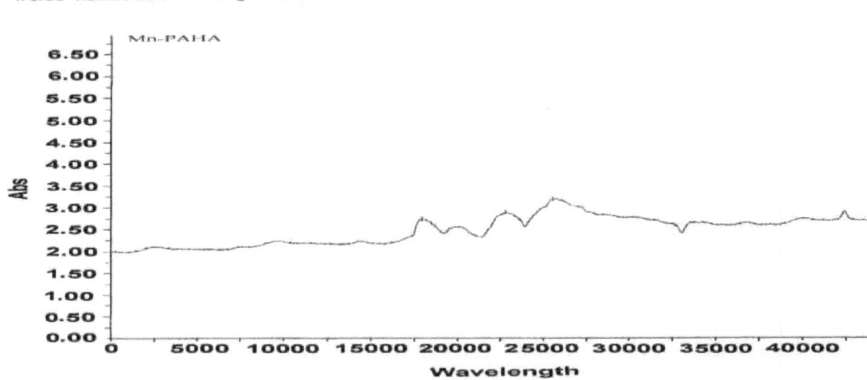

Fig. 3.28 : Espectro electrónico da Mn-PAHA

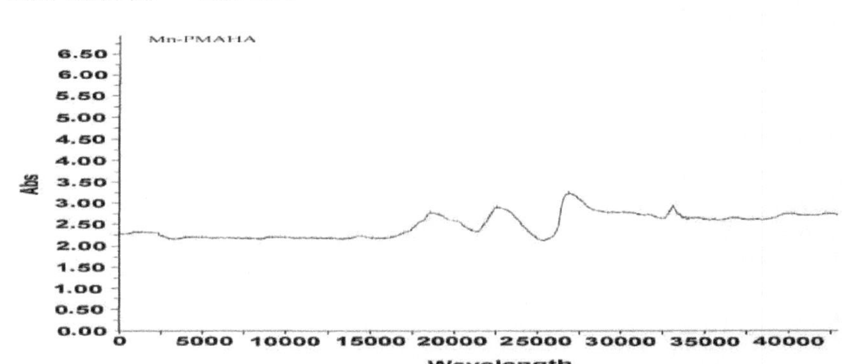

Fig. 3.29 : Espectro electrónico da Mn-PMAHA

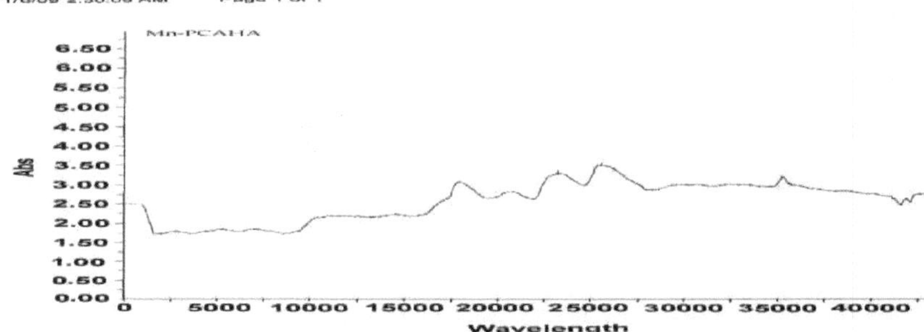

Fig. 3.30 : Espectro electrónico da Mn-PCAHA

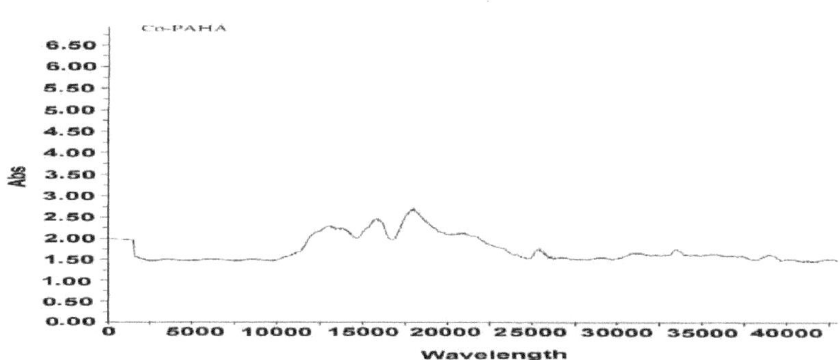

Fig. 3.31 : Espectro electrónico da Co-PAHA

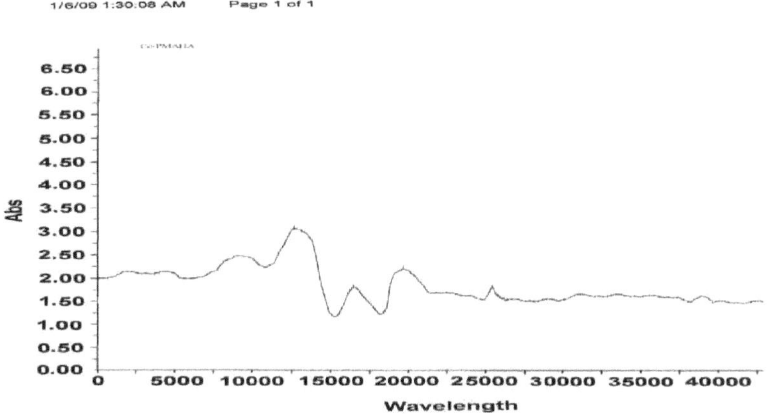

Fig. 3.32 : Espectro electrónico da Co-PMAHA

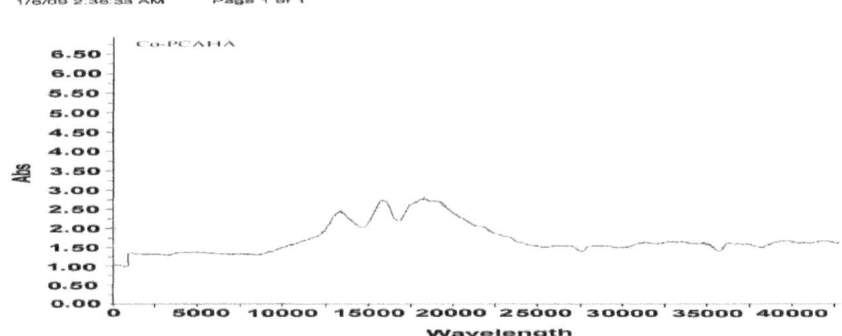

Fig. 3.33 : Espectro electrónico da Co-PCAHA

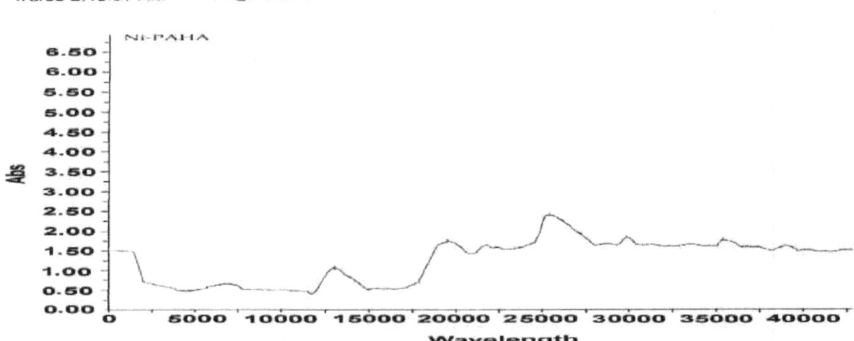

Fig. 3.34 : Espectro electrónico de Ni-PAHA

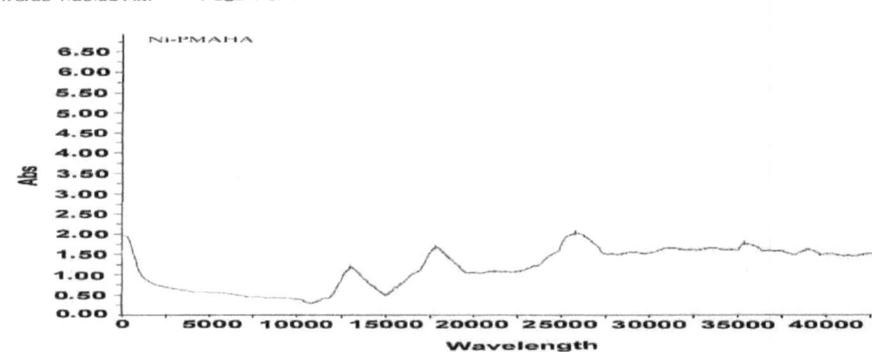

Fig. 3.35 : Espectro electrónico do Ni-PMAHA

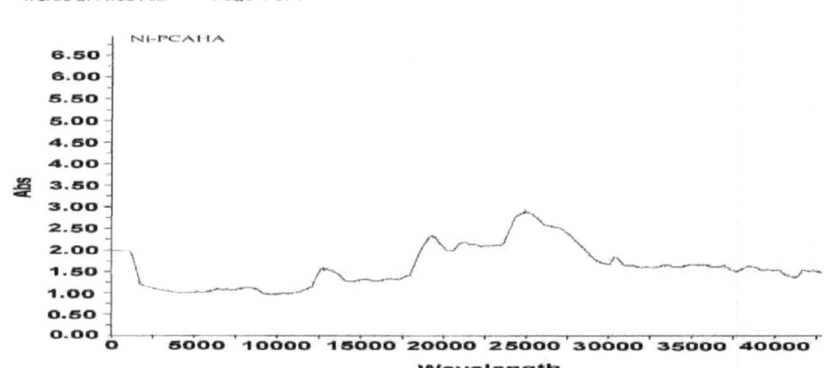

Fig. 3.36 : Espectro electrónico do Ni-PCAHA

56

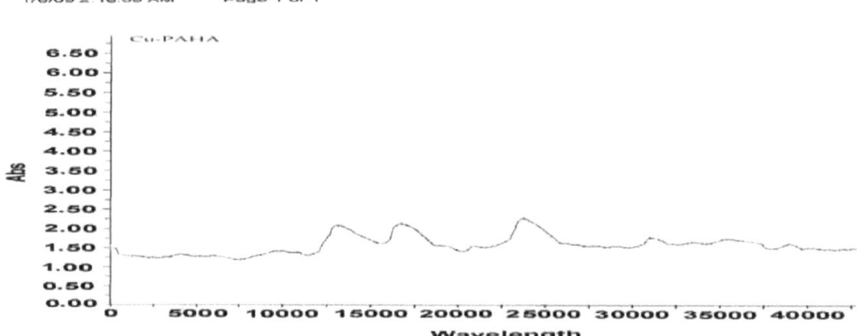

Fig. 3.37 : Espectro electrónico da Cu-PAHA

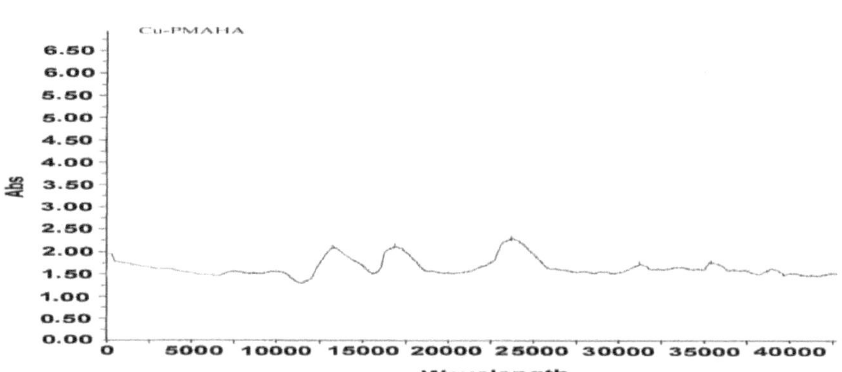

Fig. 3.38 : Espectro electrónico do Cu-PMAHA

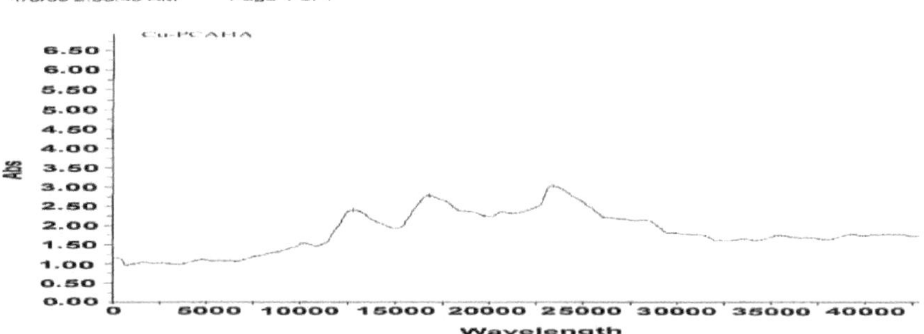

Fig. 3.39 : Espectro Electrónico de Cu-PCAHA

REFERÊNCIAS

1. Sacconi, L. ; *Transição Cumprida. Chem.,* **4**, 199 (1969).
2. Saxena, G.C. e Shirivastava, V.S.; *J. Indian Chem. Soc.,* **64**, 633 **(1987)**.
3. Patel, R.K. e Patel, R.N.; *J. Indian Chem. Soc.,* **67**, 238 (1990).
4. Shrivastava, S.K., Verma, A. e Gupta, A.; *J. Indian Chem. Soc.,* **59**, 925 **(1982)**.
5. Kaur, H.; *"Instrumental Methods of Chemical Analysis",* IIIrd Ed., Pragati Prakashan, Meerut **(2003)**.
6. Curtis, N.E.; *Coord. Chem. Rev.,* **3**, 3 **(1968)**.
7. Singh, S.N., Agrawal, R.K. e Katyal, M.; *"Molecular Structure A Spectroscopic Approach"",* Ist Ed., Discovery Publishing House, Nova Deli, **(1990)**.
8. Ferguson, J.; *J. Chem. Phys.,* **34**, 611 (1961).
9. Yamada, S.; *Coord. Chem. Rev.,* **2**, 83 (1967).
10. Jorgenson, C.K., *"Absorption Spectra and Chemical Bonding in Complexes",* Pergamon Press, New York **(1962)**.
11. Balhausen, C.J., *"Introduction to Ligand Field Theory",* McGraw Hill, Nova Iorque **(1966)**.
12. Alavanca, A.B.P;   *"Inorganic Electronic Spectroscopy",* IInd Ed., Elsevier, Amesterdão **(1984)**.
13. Sharma, Y.R.; *"Elementary Organic Spectroscopy Principles and Chemical Application"* XVIth Ed., S. Chand and Company Ltd., Delhi, **(2003)**.
14. Alavanca, A.B.P;   *"Inorganic Electronic Spectroscopy"* Elsevier, Amsterdam **(1984)**.
15. Jahangirdar, J.A., Patel, B.G. e Havinale, B.R.; *Ind. J. Chem.,* **29 (A)**, 924 **(1990)**.
16. Dekuntale e Guha, A.K.; *Ind. J. Chem.* **29**, 605 **(1990)**.
17. Carlin, R.L.; *Trans. Met. Chem.,* **4**, 211 **(1968)**.

3.4 ANÁLISE TERMOGRAVIMÉTRICA

A primeira termobalança foi originada **[1]** por **P. Chevenard** em 1944 e amplamente empregada por **Duval et al.** em 1953. É uma técnica muito precisa, fiável e forte para determinar a alteração de peso quando a substância é aquecida num termobalanço. A termogravimetria é altamente útil para estudar o comportamento de materiais poliméricos, tais como termoplásticos, polímeros termoendurecíveis e elastómeros. É utilizada para determinar a pureza **[2-3]** da substância, análise do vidro, materiais de construção, misturas de óxidos e composição de ligas. A TGA pode fornecer informações sobre fenómenos físicos, tais como transições de fase de segunda ordem **[4]**, adsorção **[5],** etc.

A termogravimetria é uma técnica em que uma substância é aquecida ou arrefecida numa atmosfera inerte em função da temperatura ou do tempo. Um gráfico é traçado entre a mudança de peso e o aumento da temperatura. Este gráfico é chamado termograma. É uma técnica muito sensível e mede a variação de peso da amostra até ao nível de mg. Um diagrama de blocos esquemáticos de termogravimetria é mostrado na figura.

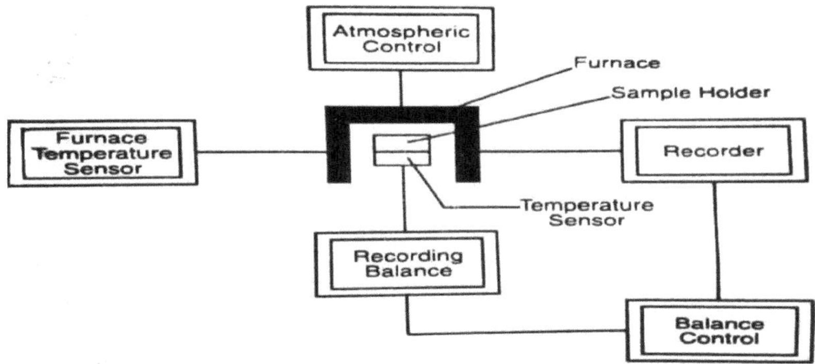

Fig. 3.40 : Diagrama de blocos esquemáticos de Termogravimetria

O instrumento TGA contém os seguintes componentes:

• **Balanço de gravação:** É um componente muito importante do termobalanço. É utilizado para registar alterações de peso com capacidade e sensibilidade toleráveis. Os balanços de ponto nulo ou os tipos de deflexão são utilizados em todas as termobalanças. As balanças de ponto nulo estão a atingir uma rápida importância na termogravimetria.

• **Suporte de amostras:** O suporte de amostras é utilizado para colocar uma amostra para análise. A geometria, tamanho e material do suporte de amostras ou do cadinho podem afectar a curva TGA. O tamanho e a forma de um suporte de amostras dependem da natureza, do peso da amostra e da amplitude térmica utilizada. Estes são geralmente compostos por quartzo de vidro, alumina, platina e grafite, etc.

- **Forno:** É feito de fio ou fita Kanthal ou Nichrome. O forno e o sistema de controlo são utilizados para produzir uma taxa de aquecimento linear sobre todo o intervalo de temperatura de trabalho do forno. O tamanho do forno é muito importante para controlar a taxa de aquecimento linear.

- **Sistema de Medição de Temperatura:** O termopar é utilizado para medir a temperatura. Para medir a temperatura 1100° C são utilizados termopares de cromel ou de alumínio. Para obter temperaturas mais altas, são geralmente utilizados termopares de tungsténio ou de rénio. O termopar é mantido dentro do suporte de amostras mas não em contacto com o mesmo.

- **Sistema de Controlo da Atmosfera:** O controlo da atmosfera é muito importante na TGA porque a alteração de peso da amostra é devida aos produtos gasosos formados durante o aquecimento da amostra ou à reacção de uma amostra com o ambiente de equilíbrio. Geralmente, o hélio é utilizado para manter o ambiente inerte.

- **Gravador:** O gravador é utilizado para registar os dados. Estes são principalmente de dois tipos - (1) gravadores de cartas potenciométricas de faixas de tempo e (2) gravador X-Y. No gravador X-Y obtemos uma curva com um gráfico de variação do peso da amostra em relação à temperatura. O modo normal de registo de dados é a variação percentual da massa em relação à temperatura ou ao tempo.

A análise termogravimétrica (TGA) utiliza calor para impulsionar a reacção e a mudança física dos materiais **[6]**. A TGA fornece uma medição quantitativa de qualquer alteração de massa no polímero e material polimérico associado a uma transição ou degradação térmica **[7-11]**. A TGA pode registar directamente a alteração de massa devido à degradação e decomposição do material polimérico com o tempo e a temperatura.

3.5 EXPERIMENTAL

T foram efectuados estudos térmicos de ácidos poliméricos (hidroxâmicos) utilizando instrumentos **Perkin - Elmer Deomond TG/DTA** sob atmosfera de azoto e taxa de aquecimento de 10° C/min., nas instalações Sofisticado Instrumento Analítico, **Cochin**, Kerala

3.6 Resultados e Discussão

O termograma TGA do PAHA indicava a degradação em quatro etapas. Na primeira etapa, a degradação ocorreu entre 45,75 a 246,08° C, correspondente à perda de peso 9,68%, enquanto que na segunda etapa a perda de peso foi encontrada entre 260,02 a 455,27° C, correspondente à perda de peso 44,42%. A terceira etapa de perda de peso ocorreu entre 455,27 a 560,24° C, o que corresponde a uma perda de peso de 17,01%, e a quarta etapa de perda de peso foi iniciada entre 560,24 a 840,70° C, o que corresponde a uma perda de peso de 24,58%.

Termograma TGA de PMAHA indicado em quatro etapas de degradação. Na primeira etapa, a degradação ocorreu entre 47,30 a 225,15° C, correspondente à perda de peso 3,832%, a segunda perda de peso foi observada entre 302,64 a 470,25° C, correspondente à perda de peso 40,23%. Na terceira etapa de perda de peso foi observada entre 470,25 a 605,83° C correspondente à perda de peso 24,97% e na quarta etapa de perda de peso foi observada entre 610,80 a 845,16° C correspondente à perda de peso 22,75%.

O termograma TGA da PCAHA indicava a degradação em quatro etapas. Na primeira etapa a degradação ocorreu entre 40,78 a 220,16° C correspondente à perda de peso 5,422%, a segunda perda de peso é iniciada entre 240,32 a 455,19° C correspondente à perda de peso 46,69%. Na terceira etapa, a perda de peso ocorreu entre 455,19 a 610,12° C, o que corresponde a uma perda de peso de 20,21%. Finalmente, a quarta etapa de perda de peso foi iniciada entre 310,12 a 875,24° C, o que corresponde a uma perda de peso de 23,12%.

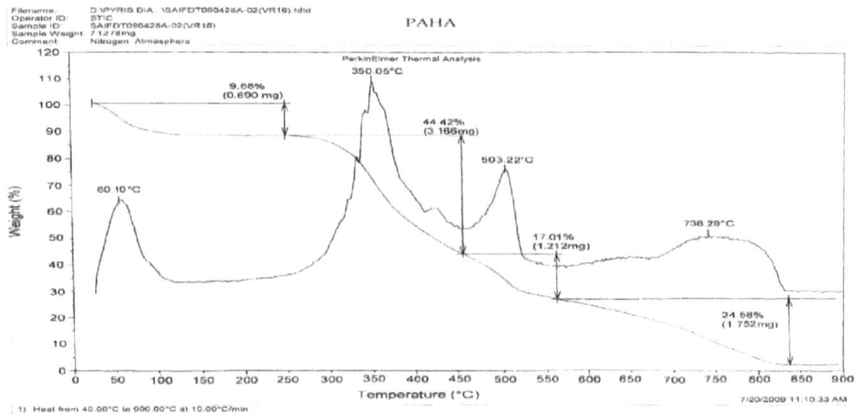

Fig. 3.41 : Espectros TGA da PAHA

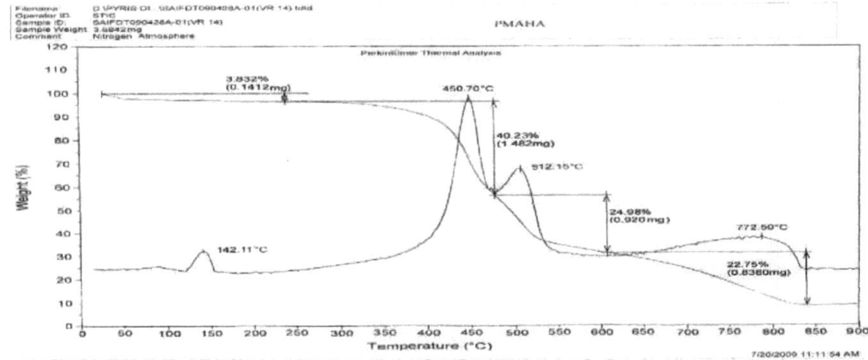

Fig. 3.42 : Espectros da TGA do PMAHA

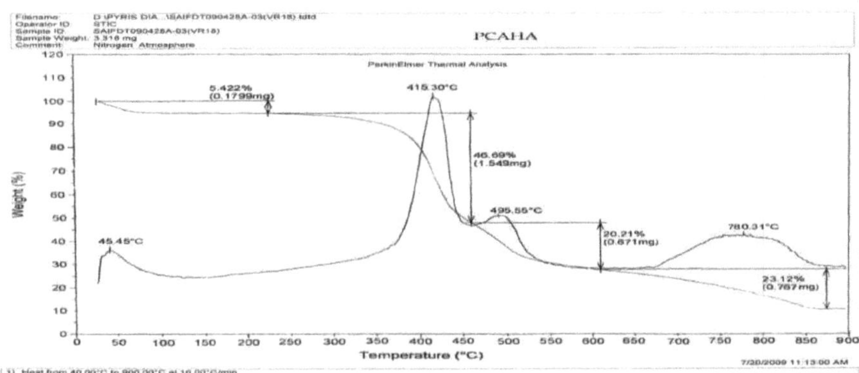

Fig.3.43 Espectros TGA da PCAHA

REFERÊNCIAS

1. Sharma, B.K..;   *"Métodos Instrumentais de Análise Química"*, GOEL Editora, Meerut, **16, (1996)**

2. Kaur, H.; *"Instrumental Methods of Chemical Analysis"*, **3rd Ed.**, Pragati Prakashan, Meerut **(2006).**

3. Chatwal, G. e S. Anand, S.; *"Instrumental Methods of Chemical Analysis"*, Himalaya Publishing House, Bombay **(1993).**

4. Coats, A.W. e Redfem, *J.P.*; *Analista,* **88,** 906 **(1963).**

5. Lin, M.Y.; Yuan, C.S.; W.C. Chen, W.C. e Hung, C.H; *J. Air Waste Manaq Assoc.*, **56(11),** 7 **(2006).**

6. Wellard, H.H., Merritt, L.L. (Jr.) e Dean, J.A.; *"Instrument Methods of Analysis"* 5th Ed. Van Nostrand, New York **(1974).**

7. MacCallum, J.R.; *"Comprehensive Polymer Science": The Synthesis, Characterization, Reaction and Application of Polymers"* (G. Allen e J.C. Bevington, eds.) Vol. **1,** Cap 37th, Pergamon Press, New York **(1989).**

8. Brown, M.E.; *"Introduction of Thermal Analysis: Techniques and Application"* Chapman and Hall, New York **(1988).**

9. Crompton, T.R.; *"Análise de Polímero: Introdução"*, Cap. 6, Pergamon Press, New York, **(1989).**

10. Wetton, R.E.; *"Polymer Characterization"* (B.J. Hunt e M.I. James. Eds.), Cap. 7, Blackie Academic and Professional, New York **(1993).**

11. Hatakeyama, T. e Quinn, F.X.; *"Análise Térmica": Fundamental e Aplicação da Ciência dos Polímeros".* Cap. 4, Wiley, New York **(1994)**

CAPÍTULO 4. ESTUDOS ANTIMICROBIANOS

Microbiologia [1] é o estudo de organismos vivos de tamanho microscópico, que incluem bactérias, fungos, algas, protozoários e os agentes infecciosos na fronteira da vida que são chamados vírus. Preocupa-se com a sua forma, estrutura, reprodução, fisiologia, metabolismo e classificação. Inclui o estudo da sua distribuição na natureza, a sua relação entre si e com outros organismos vivos, os seus efeitos nos seres humanos e noutros animais e plantas, as suas capacidades de efectuar alterações físicas e químicas no nosso ambiente e as suas reacções a agentes físicos e químicos.

O crescente conhecimento das actividades biológicas de complexos metálicos simples orientou muitos investigadores para o desenvolvimento de compostos quimioterápicos promissores que visam processos fisiológicos ou patológicos específicos. Muitos agentes antitumorais potenciais foram investigados com base na sua antiangiogénese ou comportamento proapoptótico. Estes estudos envolvem produtos concebidos e naturais em associação com iões metálicos essenciais, tais como manganês, níquel, zinco, cobre, cobalto e ferro [2-9].

Os ácidos antibacterianos poli (hidroxâmicos) [PHA] actuam e mostram uma actividade antibacteriana apenas na penetração superficial nas bactérias das células, sem membrana das células, porque a membrana externa das bactérias de gram negativo consiste em fosfolípidos e mostra certas características únicas.

4.1 CONTROLO DE MICRORGANISMOS POR AGENTES ANTIMICROBIANOS

As razões para controlar os microrganismos são para prevenir a contaminação por transmissão ou o crescimento de microrganismos indesejáveis e para prevenir a deterioração e deterioração dos materiais por micróbios a substância química que é utilizada para controlar os microrganismos, quer inibindo o seu metabolismo de crescimento, quer destruindo-os, são chamados agentes antimicrobianos [10].

Um grande número de sistemas macromoleculares biologicamente activos foi considerado nas últimas quatro décadas [11-14]. No entanto, a literatura revela principalmente trabalho de química, para a síntese das suas propriedades. É notável que apenas pouco foi feito para investigar em pormenor as relações de actividade estrutural através de muitos autores que cedo suspeitaram da importância de características estruturais tais como enrolamento em cadeia, dobragem, táctica e carácter electrolítico, etc. [15-17] no trabalho de concepção de medicamentos.

4.2 O PAPEL DOS ÁCIDOS HIDROXÂMICOS E DO POLI (HIDROXÂMICO) ÁCIDOS EM PROCESSOS BIOQUÍMICOS

Desde a sua descoberta por **Wahlroos** *et al.* [18] e durante as últimas décadas, a química e a bioquímica dos ácidos hidroxâmicos, ácidos poli-(hidroxâmicos) e seus derivados têm atraído considerável atenção, devido às suas propriedades farmacológicas, toxicológicas e patológicas. Os ácidos hidroxâmicos e o ácido (hidroxâmico) são geralmente pouco tóxicos e têm um largo espectro de actividades em todos os tipos de sistema biológico, como tal actuam de forma variada como factores de crescimento, aditivos alimentares, inibidores tumorais, agentes antimicrobianos, antituberculose, agentes antileucémicos, farmacophpre-chave em muitos agentes quimioterápicos importantes, pigmentos e factores de divisão celular.

4.3 EFEITO DE INIBIÇÃO E ACTIVIDADE ANTICANCERÍGENA DOS ÁCIDOS HIDROXÂMICOS E DOS ÁCIDOS POLI- (HIDROXÂMICOS)

A concepção e síntese de ligandos para aplicação biomédica em campos como a aplicação anticancerígena tornou-se de grande importância. Um destes ligandos importantes é o das moléculas de hidroxamato. Descobriu-se que os ácidos hidroxâmicos reagem tanto com proteínas como com ácidos nucleicos [19].

A reactividade dos ácidos hidroxâmicos em relação aos grupos sulfidrílicos de proteínas foi sugerida como sendo a razão do seu efeito inibidor em várias enzimas. A protease papaína, por exemplo com um único resíduo de cisteína livre localizado no DIMBOA (2, 4-di-hidroxi-7-metoxi-1, 4-benzoxaxina-3-ona). **Friebe *et al.* [20]** mostraram um efeito inibidor da DIBOA (2,4-di-hidroxi-1, 4-benzonazina-3-ona) e DIMBOA sobre a membrana plasmática H+- fase ATP a partir da raiz. *Asativa* e *Avena fatua*. Esta inibição pode também dever-se à reactividade dos ácidos hidroxâmicos em relação aos grupos sulfidrílicos, uma vez que pelo menos um resíduo de cisteína exposto no local activo de importância para a manutenção da conformação enzimática.

Além disso, foi demonstrado que o DIMBOA tem um efeito inibidor no transporte de electrões e, portanto, na produção de adenosina-trifosfato (ATP) em mitocôndrias isoladas e cloroplastos de milho [21]. Tanto o DIBOA como o DIMBOA demonstraram ser mutagénicos num teste com salmonella typhimurium [19]. A reactividade dos ácidos hidroxâmicos oferece uma explicação para os vários efeitos biológicos observados.

As metaloproteinases matriciais (MMP) são uma família de enzimas dependentes do zinco que são necessárias para a degradação extra da matriz celular e remodelação do tecido. A capacidade da funcionalidade do ácido hidroxâmico para formar quelato ambidentário com os átomos de zinco e níquel no sítio activo da enzima é considerada como uma importante característica funcional de inibição da metalloenzyme, nomeadamente como inibidores da metaloproteinase [22], da metaloproteinase matricial [23-24], são também potentes e inibidores específicos da actividade da urease [25-26], da termolisina [27-28], da elastase [29], das peroxidases [30] e das amino peptidases [31-32].

Foi demonstrado que uma série de análogos de ácido poli (hidroxâmico) inibem a síntese de ADN (ácido dinucleico) através da inactivação da enzima ribonucleótido redutase (RNR) [33-36]. Esta metaloenzima catalisa a conversão de nucleótidos (ribo) em nucleótidos deoxi (ribo) e é, portanto, um alvo potencial para o desenvolvimento de agentes anticancerígenos [37-39]. A fracção de ácido hidroxâmico, **R -CONHOH,** é considerada o farmacoforo essencial na hidroxiureia, um inibidor clinicamente útil da ribonucleotídica redutase [40].

Uma variedade de analogias de nucleósidos também são activas como inibidores da ribonueleotide reductase [41-43]. **Farr** *et al.* [44] desenha e sintetiza um análogo de nucleósido incorporando moiety de hidroxamato. Os seus compostos inibiram a actividade do RNR, mas eram 10 vezes menos potentes do que a área hidroxilada. Além disso, relatórios recentes [45-47] mostram que os compostos de hidroxamato aumentam a potência dos nucleósidos contra o HIV-1 *(eficiência homem-imunóide--vírus-1)* dão uma importância adicional aos derivados que combinam as características estruturais dos compostos acima referidos.

O interesse actual em ácido hidroxâmico e ácidos (hidroxâmicos) está relacionado com a variedade das suas actividades biológicas [48-50], bem como o seu papel como quelantes de ferro e sideróforos microbianos [51-53].

As actividades antibacterianas, antifúngicas, antitumor e antiinflamatórias dos ácidos poli (hidroxâmicos) relacionam-se com a sua capacidade de inibir várias enzimas, a saber, metaloproteinases de matriz [54], 5-lipoxigenase [55-56], urease [57] ou ribonucleotídeo redutase [58].

Algumas resinas de troca iónica são baseadas em ácidos hidroxâmicos [59-63], e vários ácidos poli (hidroxâmicos) são actualmente aceites como agentes terapêuticos [64-68].

4.4 ESTUDOS ANTIBACTERIANOS DOS ÁCIDOS POLI (HIDROXÂMICOS) E SEUS POLÍMEROS QUELATOS

As actividades antibacterianas dos ácidos (hidroxâmicos) sintetizados e dos seus polímeros quelatos foram avaliadas pela inibição da zona em placas de cultura bacteriana. Foi utilizada para o estudo uma estirpe bacteriana de *Pseudomonas aeruginosa.*

Pseudomonas aeruginosa

Gram - bactéria negativa, aeróbica, em forma de bastão com motilidade unipolar.

A Pseudomonas aeruginosa é um agente patogénico humano oportunista.

A causa mais frequente de infecções nosocomiais.

Experimental

(i) Materiais

Os meios desidratados foram obtidos dos Laboratórios Himedia. Peptona (grau bacteriológico), tiossulfato de sódio e cloreto de sódio. (grau de reagente) foram obtidos dos laboratórios BDH e Glaxo e o meio de ágar Muller - Hinton foi utilizado para o teste de sensibilidade dos ácidos poliméricos (hidroxâmicos) e seus quelatos poliméricos.

As espécies bacterianas acima mencionadas foram isoladas de amostras clínicas dos pacientes que frequentavam a OPD do Hospital Dr. RML, Nova Deli e recolhidas no Departamento de Microbiologia. Foi utilizada água duplamente destilada em todas as experiências. Todas as peças de vidro utilizadas foram limpas e esterilizadas.

(ii) Preparação de 2 h de cultura de crescimento de bactérias

No dia da experiência, uma colónia foi suspensa em 5 ml de caldo de nutrientes e incubada a 37°C durante 2 horas para obter a fase de registo bacteriano.

(iii) Preparação do ágar Muller-Hinton - Placas

Os meios serão preparados de acordo com a formulação padrão dada no manual de bacteriologia. Os ingredientes secos foram colocados num copo, suspensos em água destilada e dissolvem completamente o meio. O meio preparado foi disperso em frasco e tubo de ensaio, e finalmente esterilizado por autoclavagem a 121°C durante 30 minutos. Cerca de 20 ml de meio foram vertidos em placas de petri assepticamente. As placas foram incubadas a 37°C durante 24 - 48 horas para verificação da esterilidade.

(iv) Avaliação da Actividade Antimicrobiana

Neste método, diferentes ácidos (hidroxâmicos) e polímeros quelatos foram dissolvidos em solvente adequado e depois preparados em diferentes concentrações. Foram preparados [2,175 mg/ml, 1,087 mg/ml e 0,544 mg/ml para PAHA e os seus polímeros quelatos], [2,525 mg/ml, 1,263 mg/ml e 0,631 mg/ml para PMAHA e os seus polímeros quelatos] e [5,875 mg/ml, 2,937 mg/ml e 1,468 mg/ml] para PCAHA e os seus polímeros quelatos]. Discos amplamente esterilizados com um diâmetro de 6 mm foram impregnados com $25\mu l$ de cada diluição em série de ácidos poli (hidroxâmicos) e a sua solução de polímeros quelatados. Por outro lado, algumas colónias da cultura pura foram misturadas (emulsionadas) em caldo de nutrientes. Este caldo foi inoculado em toda a superfície da placa de ágar Mueller-Hinton com esta swah de algodão humedecido de cultura. Depois esperar 10 minutos após a inoculação para permitir que a cultura líquida mergulhasse na superfície do ágar com a ajuda de uma pinça esterilizada. Estas placas foram incubadas durante 24 h a 37°C e mediram a zona de inibição em milímetros.

(v) Resultado e Discussão

O resultado do estudo bacteriano é apresentado nos seguintes quadros **(4.1 a 4.3)** e fotografias **(Fig. 4.1 a 4.12)**.

Quadro 4.1: Actividade antibacteriana de AHA, PAHA e polímeros quelatados de PAHA

S. No.	Compounds	Concentrations in mg/ml	Growth inhibition zone in mm
1.	AHA	2.175 1.087 0.544	12 10 8
2.	PAHA	2.175 1.087 0.544	14 12 9
3.	Mn (II) chelate polymer PAHA	2.175 1.087 0.544	16 14 12
4.	Co(II) chelate polymer PAHA	2.175 1.087 0.544	20 18 12
5.	Ni(II) chelate polymer PAHA	2.175 1.087 0.544	16 14 12
6.	Cu(II) chelate polymer PAHA	2.175 1.087 0.544	22 16 10

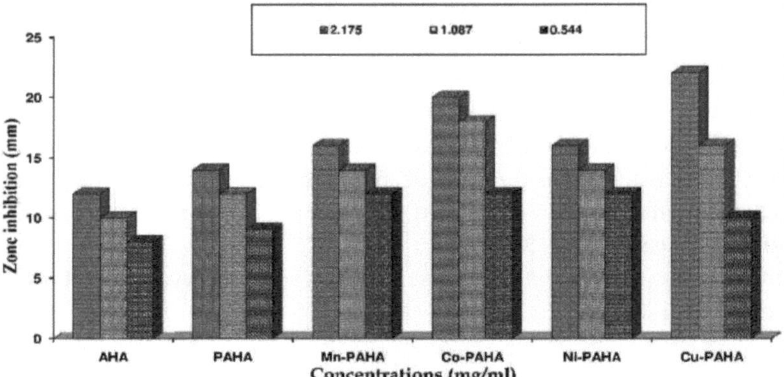

Fig.4.1 : Inibição da zona de AHA, poli PAHA e polímeros quelatos de PAHA sobre o crescimento de bactérias
(Pseudomonas aeruginosa)

Quadro 4.2: Actividade antibacteriana da MAHA, PMAHA e polímeros quelatados de PMAHA

S. No.	Compounds	Concentrations in mg/ml	Growth inhibition zone in mm
1.	MAHA	2.525	10
		1.263	9
		0.631	8
2.	PMAHA	2.525	12
		1.263	10
		0.631	9
3.	Mn(II) chelate polymer of PMAHA	2.525	14
		1.263	12
		0.631	10
4.	Co(II) chelate polymer of PMAHA	2.525	18
		1.263	16
		0.631	12
5.	Ni(II) chelate polymer of PMAHA	2.525	16
		1.263	14
		0.631	12
6.	Cu(II) chelate polymer of PMAHA	2.525	20
		1.263	16
		0.631	12

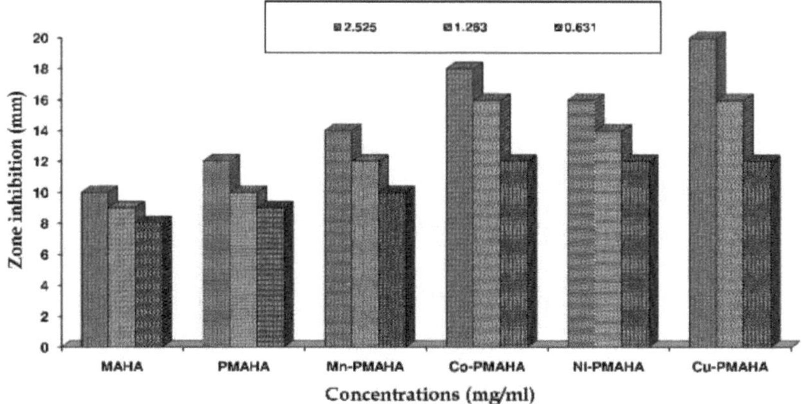

Fig. 4.2 : Inibição da zona de MAHA, PMAHA e polímeros quelatos de PMAHA sobre o crescimento de bactérias *(Pseudomonas aeruginosa)*

Quadro 4.3: Actividade antibacteriana de CAHA, PCAHA e polímeros quelatados de PCAHA

S. No.	Compounds	Concentrations in mg/ml	Growth inhibition zone in mm
1.	CAHA	5.875	12
		2.937	11
		1.468	8
2.	PCAHA	5.875	14
		2.937	12
		1.468	9
3.	Mn(II) chelate polymer of PCAHA	5.875	15
		2.937	14
		1.468	10
4.	Co(II) chelate polymer of PCAHA	5.875	18
		2.937	16
		1.468	12
5.	Ni(II) chelate polymer of PCAHA	5.875	16
		2.937	14
		1.468	10
6.	Cu(II) chelate polymer of PCAHA	5.875	20
		2.937	15
		1.468	10

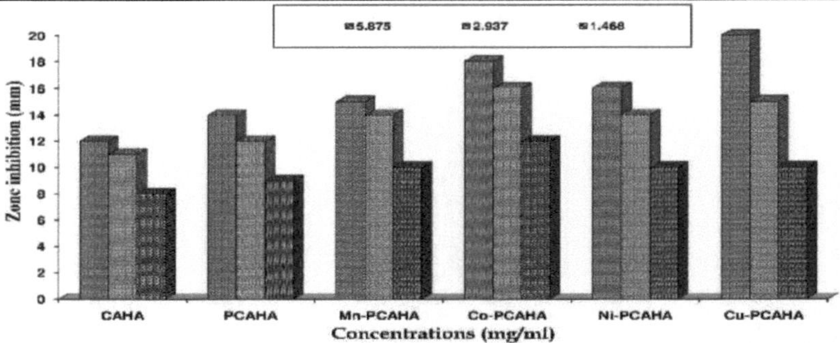

Fig.4.3 Inibição da zona de CAHA, PCAHA e polímeros quelatos de PCAHA sobre o crescimento de bactérias
(Pseudomonas aeruginosa)

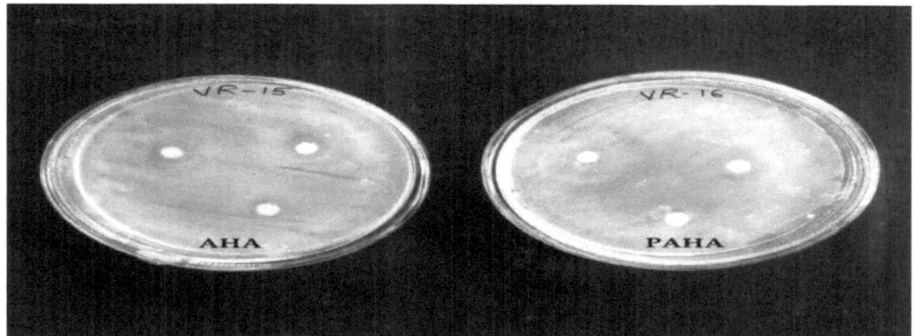

Fig. 4.4 : Efeito antibacteriano da amostra de AHA e amostra de PAHA contra *Pseudomonas aeruginosa*

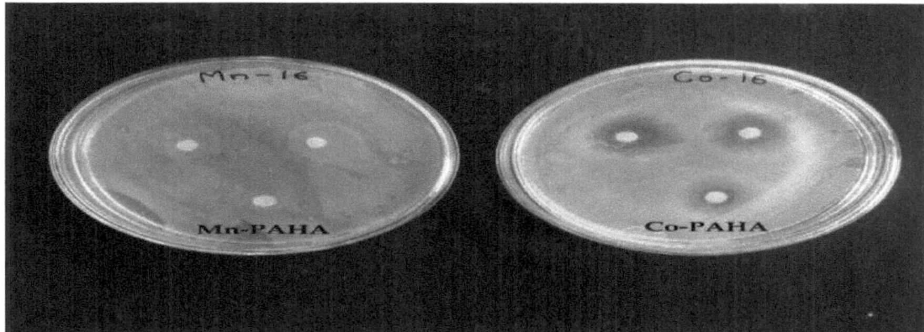

Fig. 4.5 : Efeito antibacteriano da amostra de Mn-PAHA e amostra de Co-PAHA contra *Pseudomonas aeruginosa*

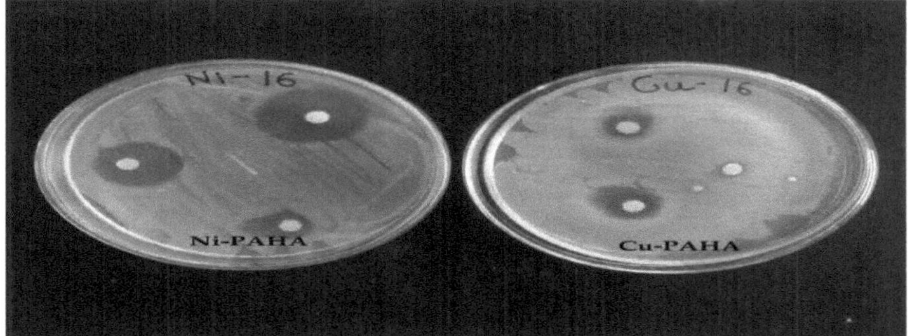

Fig. 4.6 : Efeito antibacteriano da amostra de Ni-PAHA e amostra de Cu-PAHA contra *Pseudomonas aeruginosa*

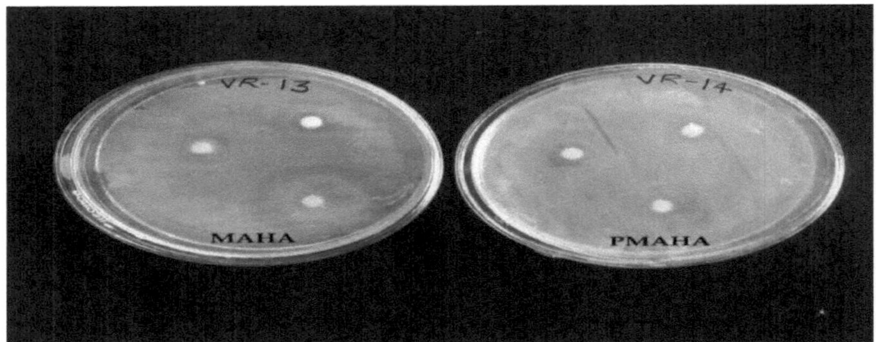

Fig. 4.7 : Efeito antibacteriano da amostra de MAHA e da amostra de PMAHA contra *Pseudomonas aeruginosa*

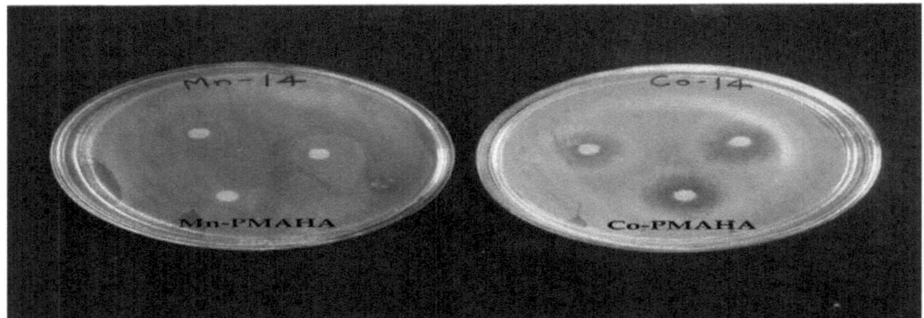

Fig. 4.8 : Efeito antibacteriano da amostra de Mn-PMAHA e amostra de Co-PMAHA contra *Pseudomonas aeruginosa*

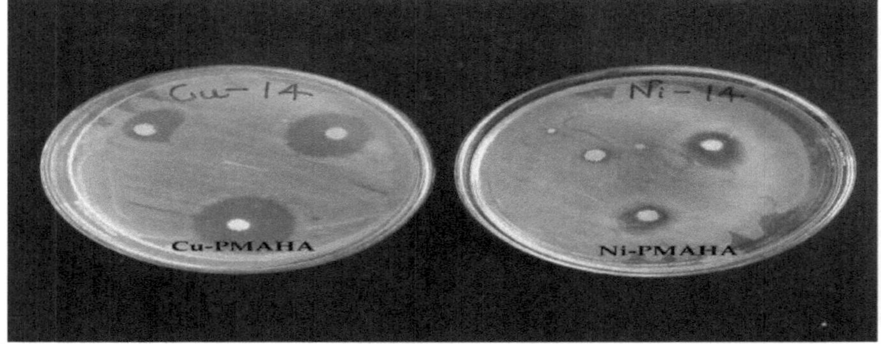

Fig. 4.9 : Efeito antibacteriano da amostra Cu-PMAHA e amostra Ni-PMAHA contra *Pseudomonas aeruginosa*

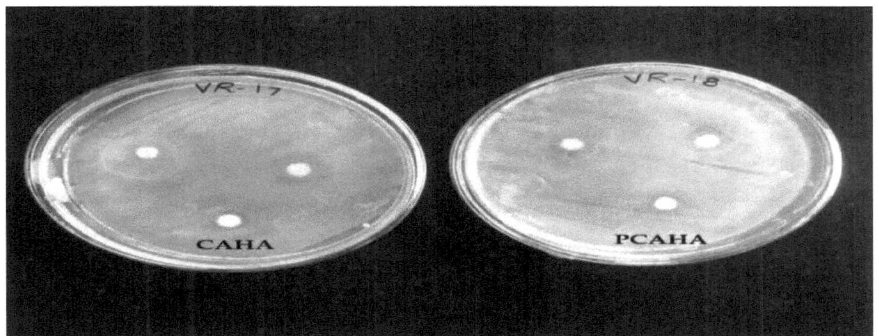

Fig. 4.10 : Efeito antibacteriano da amostra de CAHA e amostra de PCAHA contra *Pseudomonas aeruginosa*

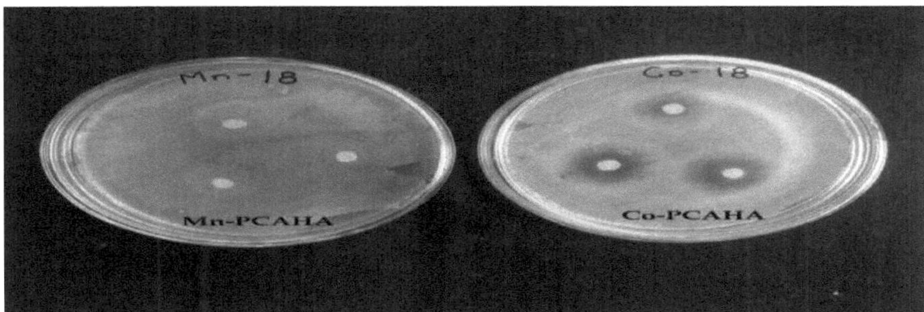

Fig. 4.11: Efeito antibacteriano da amostra de Mn-PCAHA e amostra de Co-PCAHA contra *Pseudomonas aeruginosa*

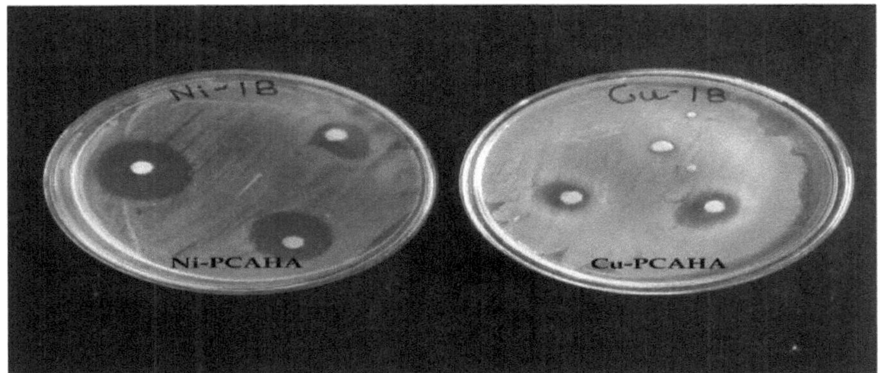

Fig. 4.12 : Efeito antibacteriano da amostra de Ni-PCAHA e amostra Cu-PCAHA contra *Pseudomonas aeruginosa*

4.5 ESTUDOS ANTIFÚNGICOS DOS ÁCIDOS POLI (HIDROXÂMICOS) E SEUS POLÍMEROS QUELATADOS ACTIVIDADE ANTIFÚNGICA

A actividade antifúngica dos ácidos poli (hidroxâmicos) e dos seus polímeros quelatos foi avaliada pela inibição da zona nas placas culturais dos fungos *Aspergillus awamori.*

Experimental

(i) Materiais

Culturas de *Aspergillus awamori* foram obtidas no Departamento de Botânica, R.B.S. College, Agra. A cultura foi mantida em slants PDA a 25°C e foi subcultivada em pratos Petri antes de ser testada. Foi utilizada água duplamente destilada em todas as experiências. Todas as peças de vidro utilizadas foram limpas e esterilizadas. O potato-dextrose-agar (PDA) fornecido pelos Himedia Laboratories Ltd. foi utilizado como tal.

(ii) Preparação dos Meios de Comunicação

39 gm de PDA foi suspenso em 1000 ml de água destilada, para uma mistura uniforme a solução foi fervida e foi obtido chorume. Depois, o meio foi transferido para um frasco cónico de 250 ml contendo 100 ml em cada um e entupido com algodão de qualidade cirúrgica. Os meios e placas de petri foram esterilizados em autoclave a 15 psi durante meia hora antes de serem utilizados.

Os suportes acima foram vertidos em placas de petri devidamente rotuladas, em condições assépticas, numa câmara de fluxo laminar. As placas foram então mantidas sob luz UV na câmara de fluxo laminar até os meios de comunicação solidificarem.

(iii) Avaliação da Actividade Antifúngica

Neste método foram dissolvidos diferentes ácidos (hidroxâmicos) e os seus polímeros quelatados em solvente adequado e depois preparadas diferentes concentrações [2,175 mg/ml, para PAHA e os seus polímeros quelatados], [2,525 mg/ml, para PMAHA e os seus polímeros quelatados] e [1,468 mg/ml, para PCAHA e os seus polímeros quelatados]. A solução de concentração diferente preparada é vertida em placas de petri solidificadas.

(iv) Inoculação

Um disco de 5 mm de espessura de fungo cortado de uma placa de petri subcultura anterior foi colocado no centro de meios solidificados nas placas de petri de teste. Estas placas foram incubadas durante 72 horas a 32°C e a zona de inibição foi calculada com base no tamanho da zona à volta do disco.

(v) Resultado e Discussão

O resultado do estudo fungicida é apresentado nos seguintes quadros (**4.4** a **4.6**) e fotografias. (**Fig. 4.13 a 4.33**).

Quadro 4.4: Actividade antifúngica de AHA, PAHA e polímeros quelatados de PAHA

S. No.	Compounds	Concentrations in mg/ml	Growth inhibition zone in mm
1.	AHA	2.175	0.0
2.	PAHA	2.175	50
3.	Mn(II) chelate polymer of PAHA	2.175	30
4.	Co(II) chelate polymer of PAHA	2.175	25
5.	Ni(II) chelate polymer of PAHA	2.175	16
6.	Cu(II) chelate polymer of PAHA)	2.175	12

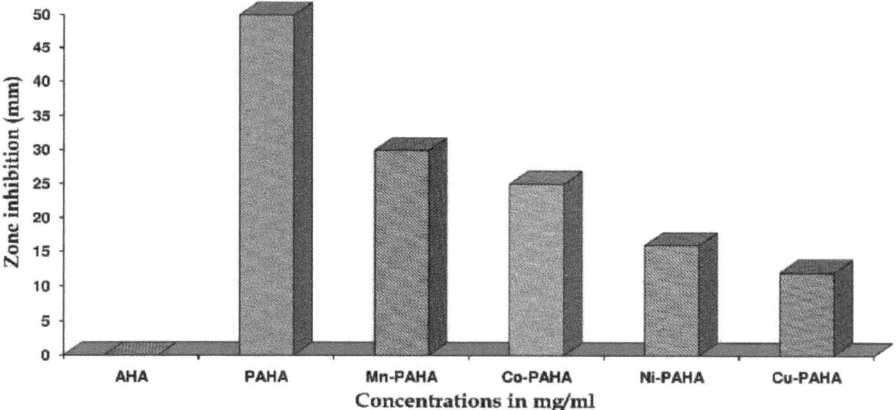

Fig. 4.13 : Inibição da zona de AHA, PAHA e polímeros quelatos de PAHA sobre o crescimento de fungos
(Aspergillus awamori)

Quadro 4.5: Actividade antifúngica da MAHA, PMAHA e polímeros quelatados de PMAHA

S. No.	Compounds	Concentrations in mg/ml	Growth inhibition zone in mm
1.	MAHA	2.525	0.0
2.	PMAHA	2.525	65
3.	Mn(II) chelate polymer of PMAHA	2.525	45
4.	Co(II) chelate polymer of PMAHA	2.525	40
5.	Ni(II) chelate polymer of PMAHA	2.525	20
6.	Cu(II) chelate polymer of PMAHA	2.525	15

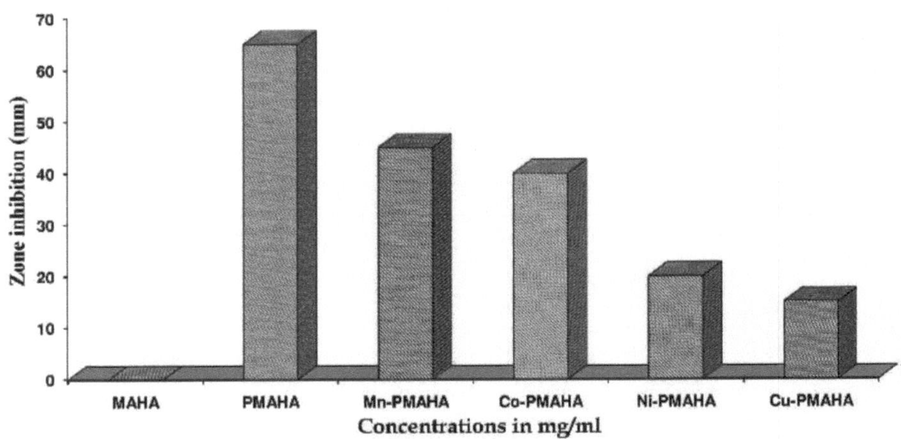

Fig.4.14: Inibição da zona de MAHA, PMAHA e polímeros quelatos de PMAHA sobre o crescimento de fungos
(Aspergillus awamori)

Quadro 4.6: Actividade antifúngica de CAHA, PCAHA e polímeros quelatados de PCAHA

S. No.	Compounds	Concentrations in mg/ml	Growth inhibition zone in mm
1.	CAHA	1.468	0.0
2.	PCAHA	1.468	55
3.	Mn(II) chelate polymer of PCAHA	1.468	42
4.	Co(II) chelate polymer of PCAHA	1.468	36
5.	Ni(II) chelate polymer of PCAHA	1.468	25
6.	Cu(II) chelate polymer of PCAHA	1.468	20

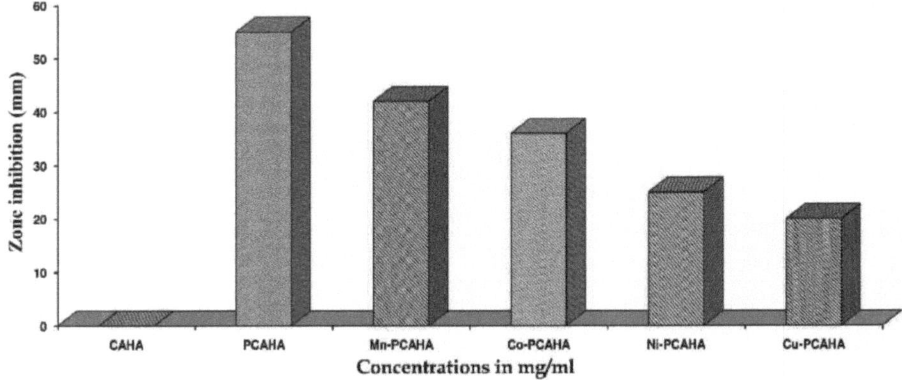

Fig. 4.15 : Inibição da zona de CAHA, PCAHA e polímeros quelatos de PCAHA sobre o crescimento de fungos
(Aspergillus awamori)

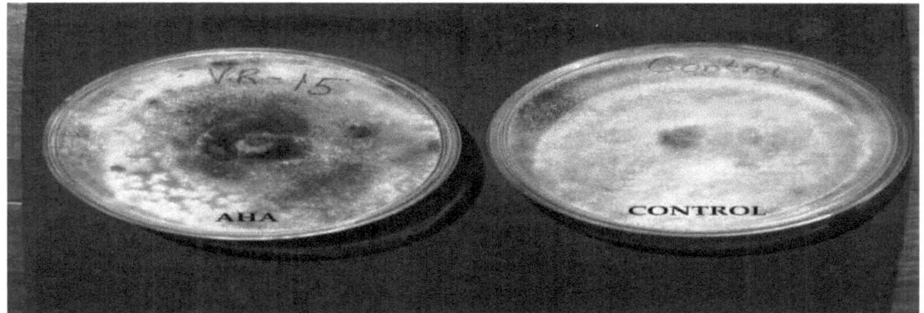

Fig. 4.16 : Efeito antifúngico da AHA e amostra de controlo contra *Aspergillus awamori*

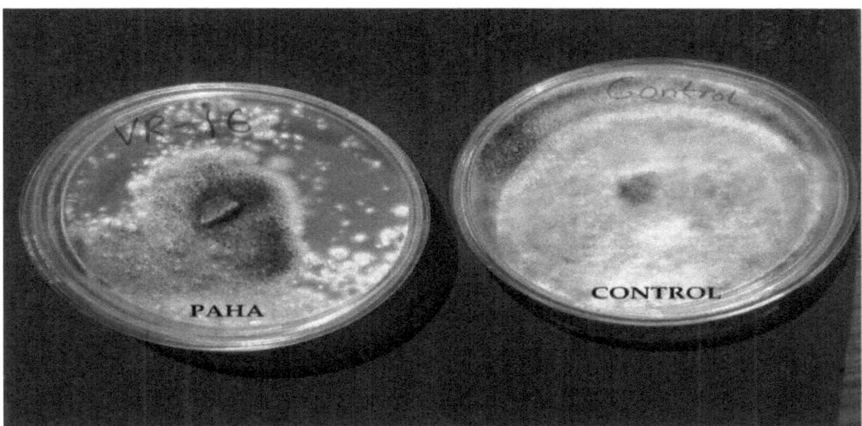

Fig. 4.17: Efeito antifúngico da PAHA e amostra de controlo contra *Aspergillus awamori*

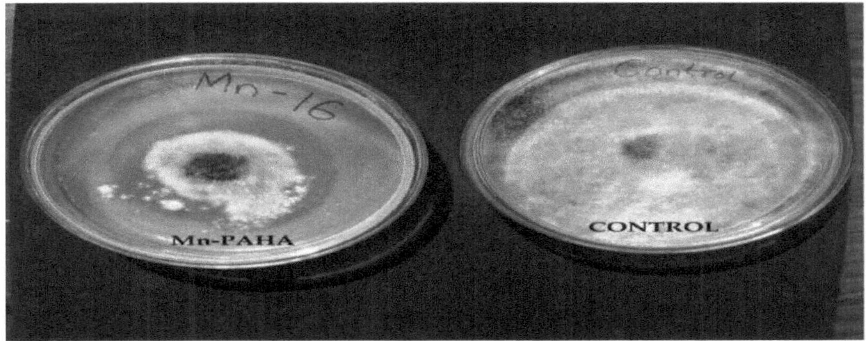

Fig. 4.18 : Efeito antifúngico do Mn-PAHA e amostra de controlo contra *Aspergillus awamori*

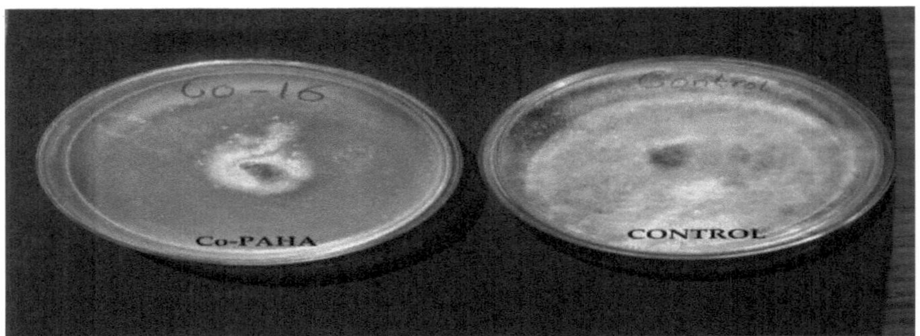

Fig. 4.19 : Efeito antifúngico da Co-PAHA e amostra de controlo contra *Aspergillus awamori*

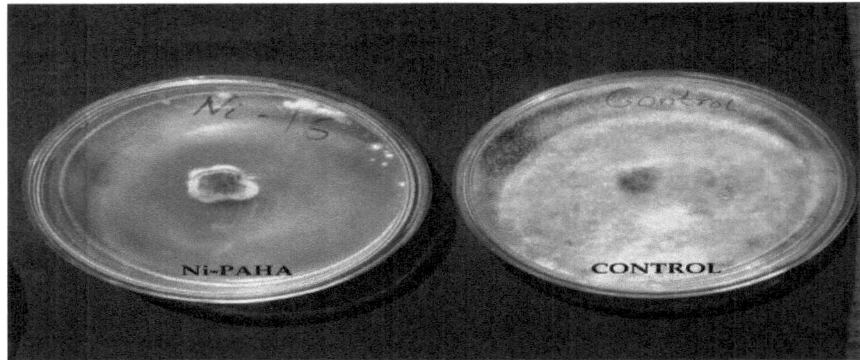

Fig. 4.20 : Efeito antifúngico da Ni-PAHA e amostra de controlo contra *Aspergillus awamori*

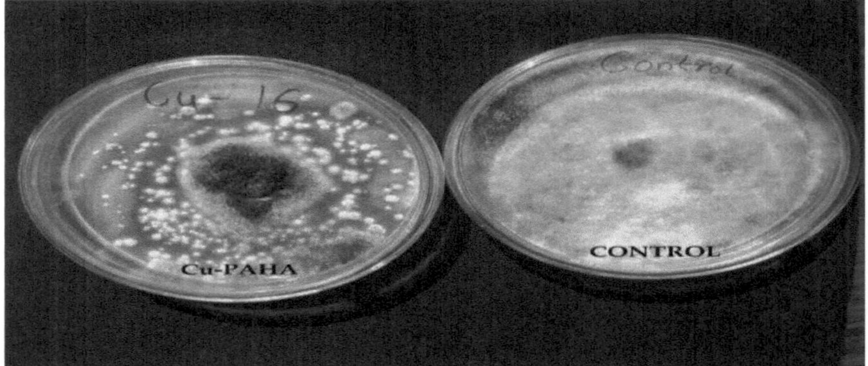

Fig. 4.21: Efeito antifúngico da Cu-PAHA e amostra de controlo contra *Aspergillus awamori*

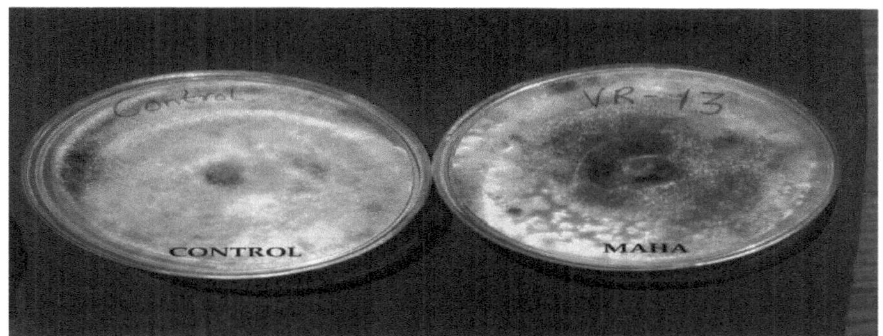

Fig. 4.22 : Efeito antifúngico do controlo e amostra de MAHA contra *Aspergillus awamori*

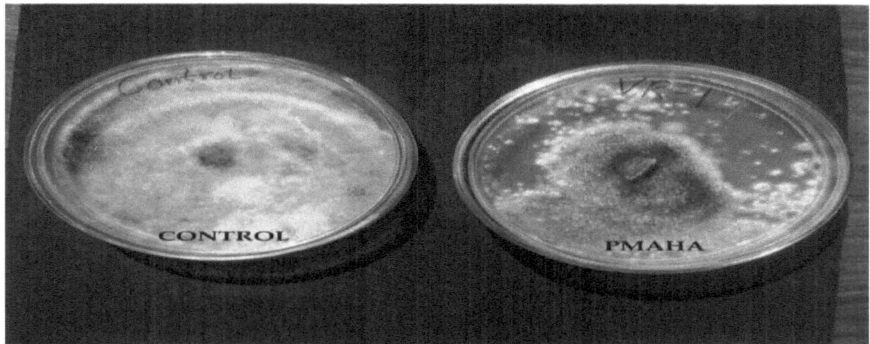

Fig. 4.23 : Efeito antifúngico do controlo e amostra de PMAHA contra *Aspergillus awamori*

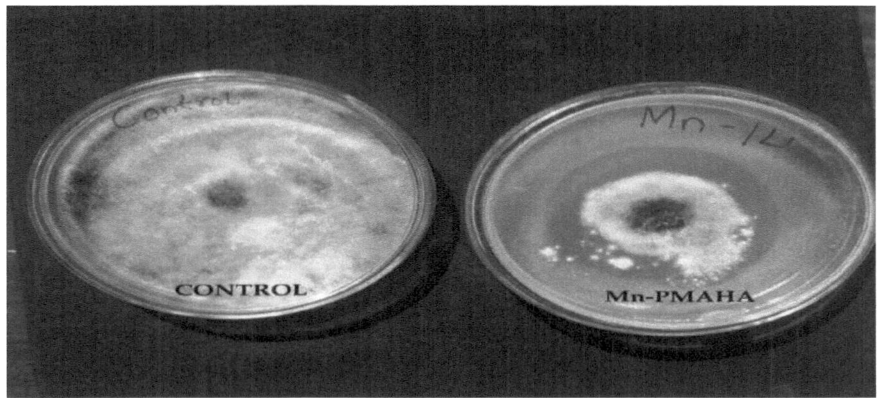

Fig. 4.24 : Efeito antifúngico do controlo e amostra de Mn-PMAHA contra *Aspergillus awamori*

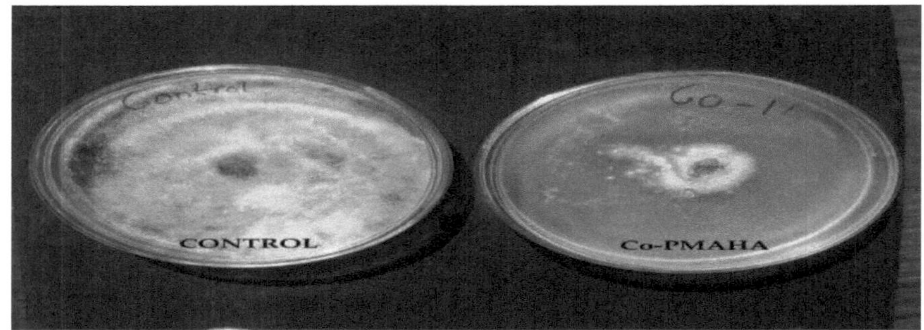

Fig. 4.25 : Efeito antifúngico da amostra de Controlo e Co-PMAHA contra *Aspergillus awamori*

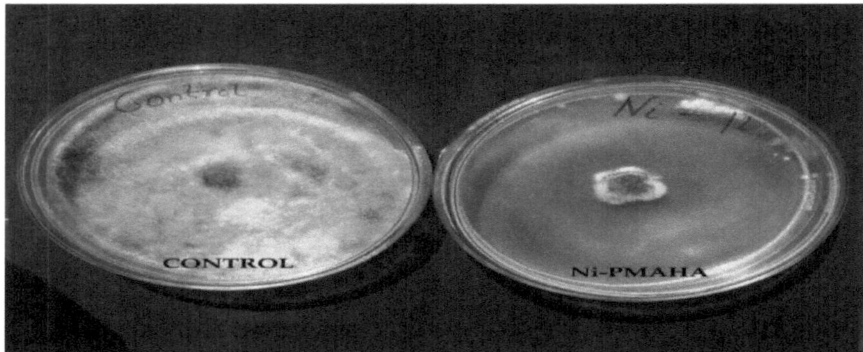

Fig. 4.26 : Efeito antifúngico do controlo e amostra de Ni-PMAHA contra *Aspergillus awamori*

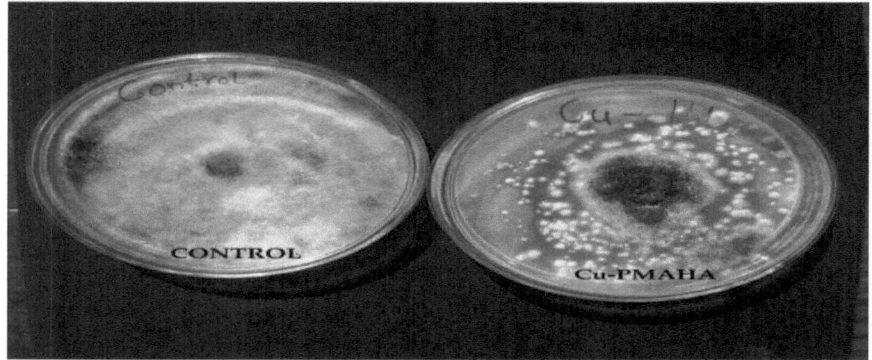

Fig. 4.27 : Efeito antifúngico do Controlo e amostra Cu-PMAHA contra *Aspergillus awamori*

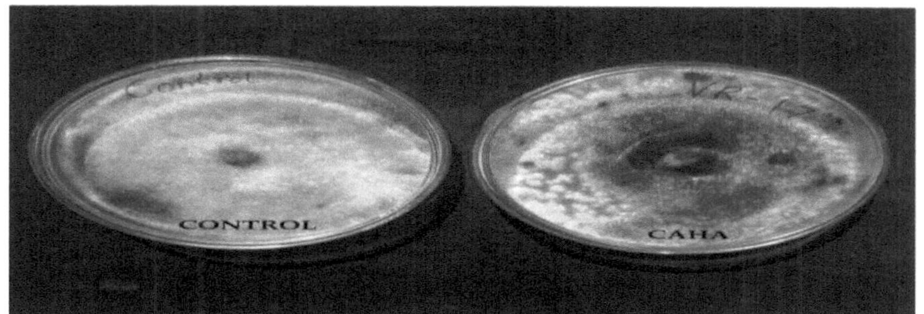

Fig. 4.28 : Efeito antifúngico do controlo e amostra de CAHA contra *Aspergillus awamori*

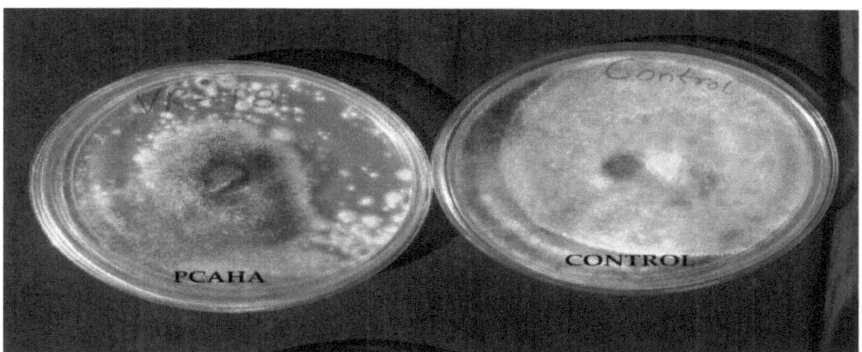

Fig. 4.29 : Efeito antifúngico da PCAHA e amostra de controlo contra *Aspergillus awamori*

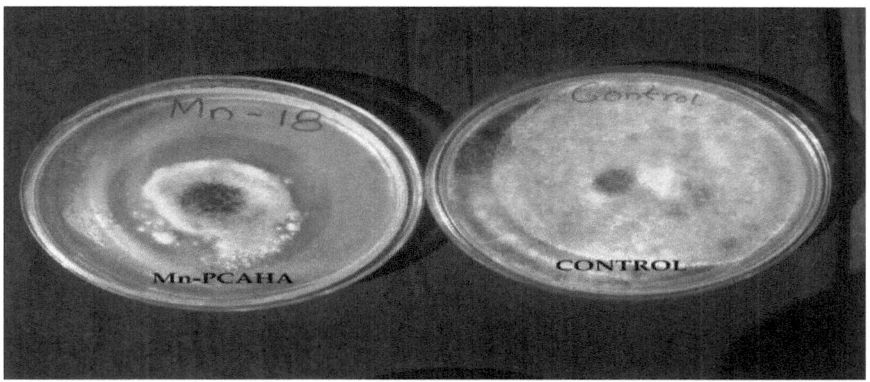

Fig. 4.30 : Efeito antifúngico da amostra de Mn-PCAHA e Copntrol contra *Aspergillus awamori*

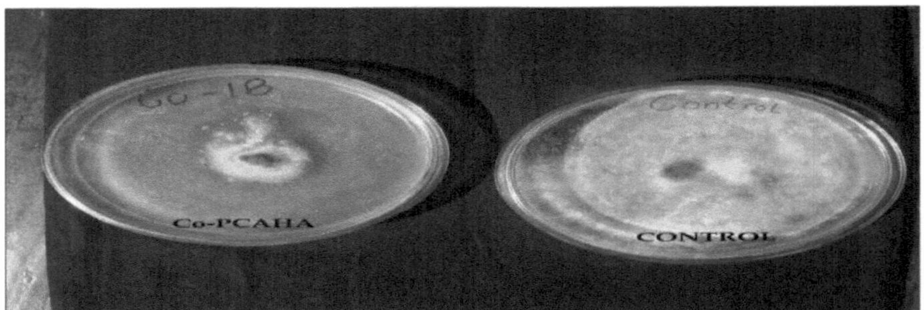

Fig. 4.31 : Efeito antifúngico da Co-PCAHA e amostra de controlo contra *Aspergillus awamori*

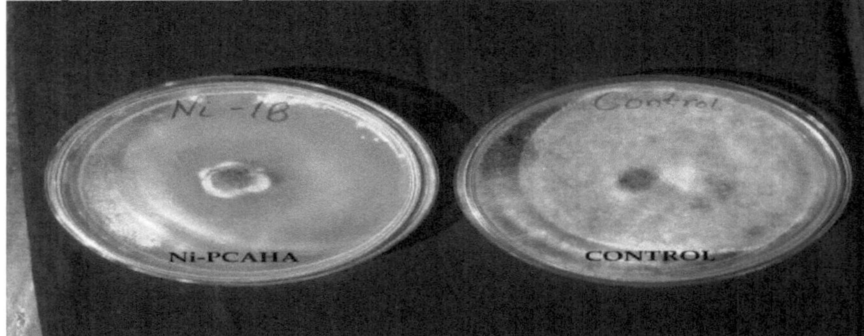

Fig. 4.32 : Efeito antifúngico do Cu-PCAHA e amostra de controlo contra *Aspergillus awamori*

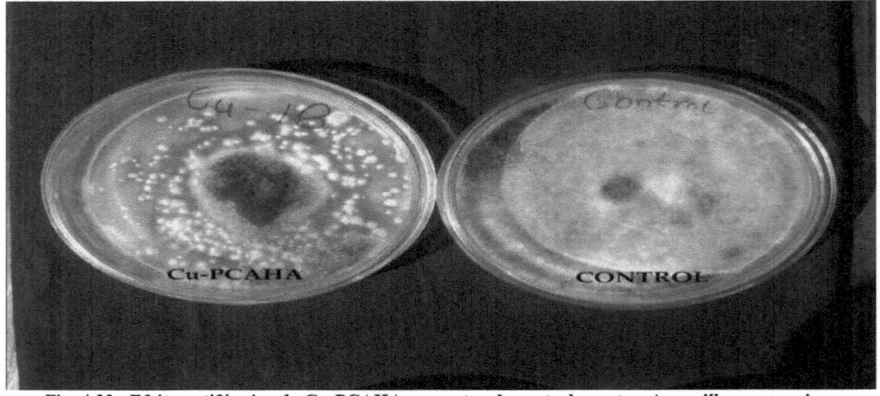

Fig. 4.33 : Efeito antifúngico do Cu-PCAHA e amostra de controlo contra *Aspergillus awamori*

4.6 CONCLUSÃO

Os resultados acima referidos dos estudos antibacterianos e antifúngicos concluíram que todos os ácidos poli (hidroxâmicos) eram menos activos contra bactérias *(Psedomonas aeruginosa)* e fungos *(Aspergillus awamori)* do que todos os polímeros quelatados sintetizados de ácidos poli (hidroxâmicos).

<u>REFERÊNCIAS</u>

1. Pelczar, M.J., Chan, E.C.S. e Krieg, N.R.; *"Microbiologia"*, Tata McGraw- Hill, Inc., New York, 5th Ed., **(2007)**.

2. Cerchiaro, G., Ferreira, A.M.D.C.; *J. Braz. Chem. Soc.,* **17(8), (2006)**.

3. Kang, J., Chen, J., Shi, Y., Jia, J., Wang, Z.; *J. Biol. Inorg. Chem.,* **10**, 190 **(2005)**.

4. Zhao, R., Planalp, R.P., Ma, R., Greene, B.T., Jones, B.T., Breechbiel, M.W., Torti, F.M. e Torti, S.V.; *Biochem. Pharmacol.,* **67**, 1677 **(2004)**.

5. Yoshino, M., Haneda, M., Naruse, M., Htay, H.H., Tsubouchi, R., Qiao, S.L., Li, W.H., Murakami, K. e Yokochi, T.; *Toxicol. In Vitro,* **18**, 783 **(2004)**.

6. Chohan, Z.H., Rauf, A., Noreen, S., Scozzafava, A. e Supuran, C.T.; *J. Enz. Inhib.,* **17**, 429 **(2002)**.

7. Chohan, Z.H., Pervez, H., Rauf, A., Scozzafava, A. e Supuran, C.T.; *J. Enz. Inhib.,* **17**, 421 **(2002)**.

8. Chohan, Z.H., Jaffery, M.F. e Supuran, C.T.; *Met. Based Drugs,* **8**, 95 **(2001)**.

9. Podunavac-Kuzmanovic, S.O., Cetkovic, G.S., Leovac, V.M., Markov, S.L. e Rogan, J.J.; *Acta Periodica Technologica,* **32**, 145 **(2001)**.

10. Pelczar, M.J., Chan, E.C.S. e Kreeg, N.R.; *Microbiologia McGraw Hill Book Co., Nova Iorque* **(1988)**.

11. Ringsdorf, H., "Pharmacologically active polymers"; *J. Ploymer. Sci., Polímero. Symp.,* **51**, 135 **(1975)**.

12. Batz, H.G.; *"Polymeric drugs", Adv. Polímero. Sci.* **23**, 25 **(1977)**.

13. Gebelein, C.G.; "Survey of chemotherapeutic polymers", *Polym. News.,* **4**, 163 **(1978)**.

14. Samour, C.M.; "Drogas poliméricas". *Chemteck,* **18**, 494 **(1978)**.

15. Donaruma, L.G.; "Synthetic biologically active polymers", *Progr. Polímeros. Sci,* **4**, 1 **(1974)**.

16. Kopecek, J.; "Soluble biomedical polymer", *Polym. in Med.,* **7**, 191 **(1971)**.

17. Ottenbrite, R.M., "Introduction to polymers in biology and medicine, in Anion Polymeric Drugs", Ed. de Donaruma, L.G., Ottenbrite, R.M. e Vogl, O.; *J. Wiley, New York* **(1980)**.

18. Wahlroos, O. e Virtanen, A.L., "Os precursores da 6-metoxi benzoxazolinona em plantas de milho e trigo, o seu isolamento e algumas das suas propriedades"; *Acta Chem. Scand.,* **13**, 1906 **(1959)**.

19. Niemeyer, H.M., Pesel, E., Copaja, S.V., Bravo, H.R., Franke, S. e Francke, W. "Changes in hydroxamic acid levels of wheat plants induced by aphid feeding"; *Phytochemistry,* **28**, 447 **(1989)**.

20. Friebe, A., Roth, U., Kuck, P., Schnabl, H. e Schulz, M.; *Phytochemistry,* **44**, 979. **(1997)**.

21. Massardo, F., Zoe-iga, G.E., Prez, L.M. e Corcuera, L.J.; *Phytochemistry,* **35**, 873 **(1994).**

22. Sawa, M., Kiyoi, T., Kurokawa, K., Kumihara, H., Yamamoto, M., Miyasaka, T., Ito, Y., Hirayama, R., Inoue, T., Kirii, Y., Nishiwaki, E., Ohmoto, H., Maedo, Y., Ishibushi, E., Inoue, Y., Yoshino, K. e Kondo, H.; *J. Med. Chem,* **45 (4),** 919 **(2002).**

23. Groneberg, R.D., Burns, C.J., Morrissette, M.M., Ullrich, J.W., Morris, R.L., Darnbrough, S., Djuric, S.W., Condon, S.M., McGeehan, G.M., Labaudiniere, R., Neuenschwander, K., Scotese, A.C. e Kline, J.A.; *J. Med. Chem.,* **42 (4),** 541 **(1999).**

24. Aranapakam, V.J., Davis, M., Grosu, M., Grosu, G.T., Baker, J.L., Ellingboe, J., Zask, A., Levin, J.I., Sandanayaka, V.P., Du, M., Skotniki, J.S., Dijoseph, J.F., Sung, A., Sharr, M.A., Killar, L.M., Walter, T., Jin, G., Cowling, R., Tillett, J., Zhao, W., McDevitt, J. e Xu, Z.B.; *J. Med. Chem.* **46 (12),** 2376 **(2003)** .

25. Parker, M.H., Lunney, E.A., Ortwine, D.F., Pavlovsky, A.G., Humblet, C. e Brouillette, C.G.; *Biochemistry,* **38 (41),** 13592 **(1999).**

26. Toba, S., Damodaran, K.V. e Merz, J.K.M.; *J. Med. Chem.* **42,** 1225 **(1999).**

27. Nashino, N. and Powers, J.C.; *Biochemistry,* **17,** 2846 **(1978).**

28. Rasnick, D. e Powers, J.C.; *Biochemistry,* **17,** 4363 **(1978).**

29. Nashino, N. e Powers, J.C.; *J. Biol. Chem.,* **255,** 3482 **(1980).**

30. Tam, S.S.C., Lee, D.H.S., Wang, E.Y., Munroe, D.G. e Lau, C.Y.; *J. Biol. Chem,* **270,** 13948 **(1995).**

31. Baker, J.O., Wilkes, S.H., Bayliss, M.E. e Prescott, J.M.; *Biochemistry,* **22,** 2098 **(1983).**

32. Wilkes, S.H. e Prescott, J.M.; *J. Biol. Chem.;* **258,** 13517 **(1983).**

33. Valerije, V., Vesna, A., Stanko, U.; *Croat. Chim. Acta,* **71,** 119 **(1998).**

34. Larsen, I.K., Sjberg, B.M. e Thelander, L.; *Eur. J. Biochem.,* **125,** 75 **(1982).**

35. Riet, B., Wampler, G.L. e Elford, H.L.; *J. Med. Chem.,* **22,** 589 **(1979).**

36. Elford, H.L., Wamplex, G.L. e Riet, B.; *Cancer Res.,* **39,** 844 **(1979).**

37. Reichard, P.; "Molecular evaluation: from RNA to DNA" *Science,* **260,** 1773 **(1993).**

38. Stubble, J.; "Ribonucleotide reductases, Adv. Enzymol". Relat Areas", *Mol. Biol,* **63,** 349 **(1990).**

39. Stubble, J. e Donk, W.A.; *Chem. Biol.,* **2,** 793 **(1995).**

40. Donehower, R.C.; "Hydroxurea em quimioterapia do cancro". Principles and Practice", editado por J.M., Chabner, J.M., Collins. J.M., Lippincatt, *Co. Philadelphia.* 225-233 **(1990).**

41. Gupta, S.P.; "Quantitative structure - Activity Relationship Studies on Anticancer

Drug", *Chem. Rev.,* **94**, 1507 **(1994)**.

42. Xie, K.C. e Plunkett, W.; *Cancer Res.,* **59**, 3030 **(1996)**.

43. Lehmann, T.E. e Berkessel, A.; *J. Org. Chem.,* **62**, 302 **(1997)**.

44. Farr, R.A., Bey, P., Sunkara, P.S. e Lippert, B.J.; *J. Med. Chem.,* **32**, 1879 **(1989)**.

45. Ingemarson, R. e Thelander, L.; *Biochemistry,* **35**, 8603 **(1996)**.

46. Malley, S.D., Grange, J.M., Hamedi, S.F. e Vila, J.R.; *Proc. Natl. Acta. Sci. U.S.A.,* **91**, 11017 **(1994)**.

47. Lori, F., Malykh, A., Cara, A., Sun, D., Weinstein, J.N., Lisziewicz, J. e Gallo, R.C.; *Science,* **366**, 801 **(1994)**.

48. Gorlitzer, K., Fabian, J., Frohberg. P. e Drut Kowski, G.; *Pharmazie,* **57**, 243 **(2002)**.

49. Yoshitzumi, M., Yamamoto, M., Niyasaka, T., Uto, Y., Kumihara, H., Sawa, M., Kiyoi, T., Yamamamoto, T., Nakajima, F., Hirayama, R., Konda, H., Ishibushi, E., Ohmoto, H., Inoue, Y. e Yashino, K.; *Bioorg. Med. Chem.,* **11**, 433 **(2003)**.

50. Wisam, H.H., Mansor, B.A., Emad, A., Jaffar, Al-Mulla, Wan, Md. Zin, Wan, Yunus e Nor azowa Bi Ibrahim; *J. Oleo. Sci.,* **59**(1), 15 - 19 **(2010)**.

51. Kehl, H.K.; "Chemistry and Biology of Hydroxamic Acids", *Karger, Basileia,* **(1982)**.

52. Bergeron, R.J.; *Chem. Rev.,* **84,** 587-602 **(1984)**.

53. Hanessian, S. e Johnstone, S.; *J. Org. Chem.,* **64**, 5896 - 5903 **(1999)**.

54. Wada, C.K., Holms, J.H., Curtin, M.L., Dai, Y., Florjancic, A.S., Garland, R.B., Guo, Y., Heyman, H.R., Stacy, J.R., Steinman, D.H., Albert, D.H., Bouska, J.J., Elmore, I.N., Goodfellow, C.L., Marcotte. P.A., Tapang, P., Morgan, D.W., Michaelides, M.R. e Davidsen, S.K.; *J. Med. Chem.,* **45**, 219 - 232 **(2002)**.

55. Hasday, J.D., Meltzer, S.S., Moore, W.C., Wishneewski, P., Hebel, J.R., Lanni, C., Dube, L.M. e Blecker, E.R.; *Am. J. Respir, Crit, Care Med.,* **4**, 191 **(2000)**.

56. Pontiki, E.A. e Hadjipavlou-Litina, D.J.; *Arzeneimittelforschung,* **53**, 780 **(2003)**.

57. Odake, S., Morikava, T., Tsuchiya, M., Imamura, L. e Kobashi, K.; *Biol. Pharm. Bull.,* **17**, 1329 - 1332 **(1994)**.

58. Nandy, P., Lien, E.J. e Avramis, V.I.; *Anticancer, Res.* **19**, 1625 - 1633 **(1999)**.

59. Lutfor, M.R., Sidik, S., Wan-Yanus, M.Z., Rahman, M.Z.A., Mansor, A. e Haroan, M.J.; *J. Appl. Polym. Scie,* **79**, 1256 - 1264 **(2001)**.

60. Ebraheem, K.A.K., Mubarak, M.S. e Al-Gharabhi, S.I.; *J. Macromol. Sci. Pure Appl. Chem,* **39**, 399 **(2002)**.

61. Ismail, A.I., Ebraheem, K.V.K., Mubarak, M.S. e Khalili, F.I.; *Solvent Ext. Ion Exch.,* **21**, 125 **(2003)**.

62. Salem, N.M., Ebraheem, K.A.K. e Mubarak, M.S.; *Reage. Funciona. Polym.,* **59**, 63 **(2004)**.

63. Alakhras, F.S., Dari, K.A. e Mubarak, M.S.; *J. Appl. Polym. Scie.,* **97**, 691 - 696

(2005).

64. Williams, D.A. e Lenke, T.L.; "Foye's Principles of Medical Chemistry 5th ed.", Lippincott Williams e Wilkins, Philadelphia **(2002)**.

65. Barbaric, M., Ursic, S., Pilepic, V., Zore, B., Hergold-Brunkic, A., Nagl, A., Grdisa, M., Pavelic, K., Robert, S., Andrei, G., Balzarini, J., Erik-De, C. e Mintas, M.; *J. Med. Chem,* 48, 884 - 887 **(2005)**.

66. Brown, D.A., Fitzpatrick, N.J., Muller-Bunz, H. e Ryan, A.T.; *Am. Chem. Soc. Inorganic Chemistry.* **46 (11),** 4497 **(2006)**.

67. Zhihui, Z., Ying. Y. e Lanny, S.L.; *Am. Chem. Soci. Org. Lett.,* **10 (11),** 3005 **(2008)**.

68. Lawrence, P. T. (Jr.) e Marvin, J. M.; *Am. Chem. Soci. Org. Lett.,* **11 (7),** 1575 - 1578 **(2009)**.

ESTRUTURAS PROVÁVEIS

1. ESTRUTURA DOS ÁCIDOS HIDROXÂMICOS SINTETIZADOS

(a) Estrutura do ácido acrílico hidroxâmico.

$$CH_2 = CH - \overset{\displaystyle \overset{O}{\|}}{C} - NHOH$$

(b) Estrutura do ácido acrílico-carbohidroxâmico metha

$$CH_2 = \underset{\displaystyle \underset{CH_3}{|}}{C} - \overset{\displaystyle \overset{O}{\|}}{C} - NHOH$$

(c) Estrutura do ácido acrílico-carbónico cinnamo hidroxâmico

$$C_6H_5 - \overset{\displaystyle \overset{H}{|}}{C} = \overset{\displaystyle \overset{H}{|}}{C} - \overset{\displaystyle \overset{O}{\|}}{C} - O - CH_2 - CH_2 - \overset{\displaystyle \overset{O}{\|}}{C} - NHOH$$

2. ESTRUTURA DOS ÁCIDOS (HIDROXÂMICOS) POLIÉSTERES SINTETIZADOS

(a) Estrutura do ácido poli (acrylo hidroxâmico)

$$\left[- CH_2 - \underset{\displaystyle \underset{\displaystyle \underset{\displaystyle \underset{NHOH}{|}}{C=O}}{|}}{CH} - \right]_n$$

(b) Estrutura do ácido poli (metha acrylo hidroxâmico)

$$\left[- CH_2 - \overset{\displaystyle \overset{CH_3}{|}}{\underset{\displaystyle \underset{\displaystyle \underset{\displaystyle \underset{NHOH}{|}}{C=O}}{|}}{C}} - \right]_n$$

(c) Estrutura do ácido poli (cinnamo acrílico-carbo hidroxâmico)

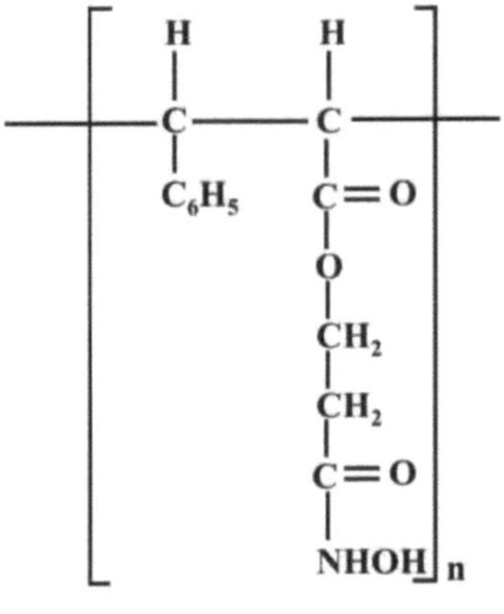

onde M^{+2} = Mn (II), Co (II), Ni (II) e Cu (II) e n = 2, 3

3. ESTRUTURA DE POLÍMEROS DE QUELATO SINTETIZADOS DE ÁCIDOS POLI- (HIDROXÂMICOS)

(a) Estrutura do polímero quelatado do ácido poli-hidroxâmico (acrylo hidroxâmico)

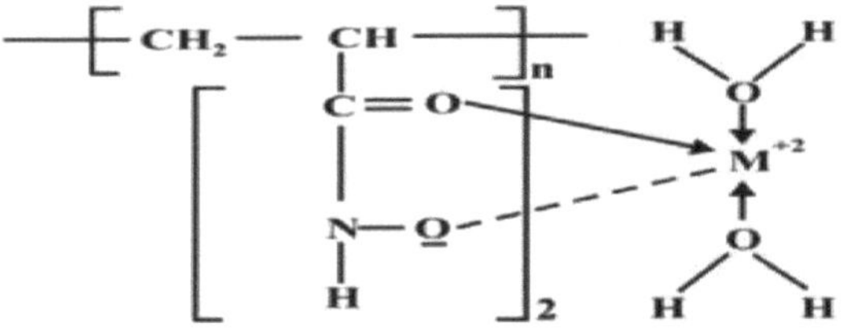

onde M^{+2} = Mn (II), Co (II), Ni (II) e Cu (II) e n = 2, 3

(b) Estrutura do polímero quelatado do ácido poli- (metha acrylo hidroxâmico)

(c) Estrutura de complexos metálicos de ácido poli (cinnamo acrílcarbo hidroxâmico)

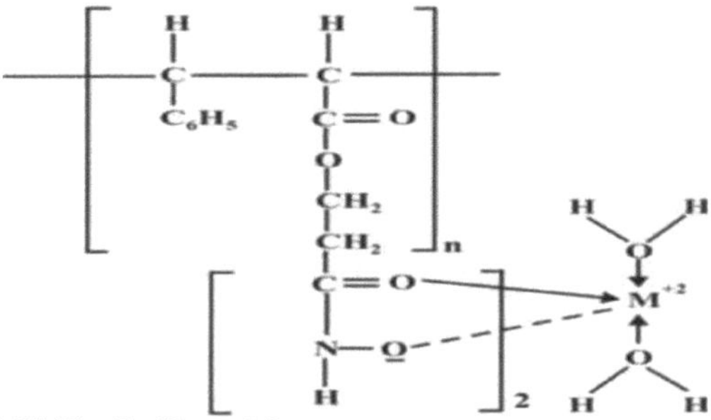

onde M^{+2} = Mn (II), Co (II), Ni (II) e Cu (II) e n =2,3

ABREVIATURA

AHA,	VR – 15	:	Acrylo hydroxamic acid
PAHA,	VR – 16	:	Poly (acrylo hydroxamic) acid
Mn-PAHA,	Mn – 16	:	Manganese (II) chelate polymer of poly (acrylo hydroxamic) acid
Co-PAHA,	Co – 16	:	Cobalt (II) chelate polymer of poly (acrylo hydroxamic) acid
Ni-PAHA,	Ni – 16	:	Nickel (II) chelate polymer of poly (acrylo hydroxamic) acid
Cu-PAHA,	Cu – 16	:	Copper (II) chelate polymer of poly (acrylo hydroxamic) acid
MAHA,	VR – 13	:	Metha acrylo hydroxamic acid
PMAHA,	VR – 14	:	Poly (metha acrylo hydroxamic) acid
Mn-PMAHA	Mn – 14	:	Manganese (II) chelate polymer of poly (metha acrylo hydroxamic) acid
Co-PMAHA,	Co – 14	:	Cobalt (II) chelate polymer of poly (metha acrylo hydroxamic) acid
Ni-PMAHA,	Ni – 14	:	Nickel (II) chelate polymer of poly (metha acrylo hydroxamic) acid
Cu-PMAHA,	Cu – 14	:	Copper (II) chelate polymer of poly (metha acrylo hydroxamic) acid
CAHA,	VR – 17	:	Cinnamo acrylcarbo hydroxamic acid
PCAHA,	VR – 18	:	Poly (cinnamo acrylcarbo hydroxamic) acid
Mn-PCAHA,	Mn – 18	:	Manganese (II) chelate polymer of poly (cinnamo acrylcarbo hydroxamic) acid
Co-PCAHA,	Co – 18	:	Cobalt (II) chelate polymer of poly (cinnamo acrylcarbo hydroxamic) acid
Ni-PCAHA,	Ni – 18	:	Nickel (II) chelate polymer of poly (cinnamo acrylcarbo hydroxamic) acid
Cu-PCAHA,	Cu – 18	:	Copper (II) chelate polymer of poly (cinnamo acrylcarbo hydroxamic) acid

SÍNTESE

Os ácidos hidroxâmicos e os ácidos poli (hidroxâmicos) são derivados N-acílicos da hidroxilamina, possuem o grupo funcional ácido hidroxâmico característico. Os ácidos polioxâmicos (hidroxâmicos) são mais comummente preparados pela acilação da hidroxilamina pelo cloreto ácido e polimerizados utilizando um iniciador diferente.

Os ácidos poli- (hidroxâmicos) são o reagente versátil e eficaz com amplas aplicações no campo das indústrias farmacêuticas, agricultura, bioquímica, indústrias bioinorgânicas, tratamento de águas residuais, controlo da poluição, hidrometalurgia, pré-concentração, hidrólitos polielectrólitos aniónicos, campos têxteis, fase estacionária para cromatografia a gás, resina de permuta iónica e química analítica, bem como na área das análises orgânicas e inorgânicas.

Os ácidos poli- (hidroxâmicos) são um material primário para a síntese de alguns medicamentos, tais como antibacterianos, antifúngicos, anti-inflamatórios, antimetásicos, antioxidantes, antitumar, antibióticos, anticancerígenos, e inibidores da actividade enzimática. O ácido polio (hidroxâmico) pode ser utilizado para medir quantitativamente muitos elementos em cromatografia e para a separação de vários iões em soluções biológicas e sensíveis.

Os ácidos (hidroxâmicos) são também utilizados como reagentes para a extracção de solventes, na determinação espectrofotométrica de vários iões metálicos, na titulação complexométrica e na determinação gravimétrica de metais. Uma vez que estes compostos possuem excelentes propriedades quelatantes devido ao N e O, dois locais doadores, vale a pena estudar o comportamento de coordenação de diferentes iões metálicos com estes complexos ligandos de cobre de ácidos poli- (hidroxâmicos) são também utilizados para reduzir o decaimento da madeira, celulose e hemicelulose.88

Tendo em conta a aplicação diversificada de ácidos poli-(hidroxâmicos) em vários campos, foi decidido sintetizar alguns novos ácidos poli-(hidroxâmicos) e os seus quelatos ploymers de Mn(II), Co(II), Ni(II) e Cu(II) iões metálicos.

Todo o trabalho apresentado nesta tese foi resumido em quatro capítulos, cada capítulo inclui uma breve introdução do trabalho realizado no início e uma lista de referências no final.

Capítulo - 1: Introdução

Este capítulo trata de uma breve revisão sobre o desenvolvimento histórico e a aplicação útil dos ácidos poli (hidroxâmicos) e seus quelatos, com base no levantamento bibliográfico. Foram citadas várias referências que destacam as diferentes aplicações, os referidos compostos e os seus complexos metálicos no campo da química, indústrias farmacêuticas, agricultura, bioquímica, tratamento de águas residuais, resina de permuta iónica, cromatografia de fase estacionária e química analítica, etc.

Capítulo - 2: Experimental

Este capítulo trata da síntese de ácidos hydoxamic, ácidos poli (hidroxâmicos) e seus polímeros de quelato metálico

Capítulo - 3: Caracterização

Este capítulo trata da caracterização dos ácidos hidroxâmicos, ácidos (hidroxâmicos) e quelatos metálicos de polímeros FT-IR, electrónicos (apenas para quelatos metálicos), H1-NMR. A estabilidade térmica dos poli (ácidos hidroxâmicos) foi determinada pela Análise Thrmogravimétrica.

Capítulo - 4: Estudos antimicrobianos

Este capítulo trata dos estudos antimicrobianos dos ácidos policrobianos (hidroxâmicos) e dos seus polímeros quelatos. Foram realizados testes para avaliar a eficácia bactericida e fungicida dos ácidos (hidroxâmicos) sintetizados e dos seus polímeros quelatados contra bactérias. *(Pseudomonas aeruginosa)* e fungos/ *(Aspergillus awamori)*, respectivamente. Dos resultados dos estudos antibacterianos e antifúngicos, concluiu-se que os ácidos poli (hidroxâmicos) eram menos activos contra bactérias *(Psedomoas aeruginosa)* e fungos *(Aspergillus awamori)* do que contra os polímeros quelatados dos ácidos poli (hidroxâmicos) sintetizados.

Printed by Books on Demand GmbH, Norderstedt / Germany